Daniel Lélis Baggio, Shervin Emami, David Millán Escrivá,
Khvedchenia Ievgen, Jason Saragih, Roy Shilkrot 著．
林哲逸 譯

博碩文化

精通
OpenCV 3

Mastering OpenCV 3 - Second Edition

使用OpenCV 3撰寫實用電腦視覺

Packt>

精通
OpenCV 3 （第二版）

作　　者：Daniel Lélis Baggio、Shervin Emami、David Millán Escrivá、Khvedchenia Ievgen、Jason Saragih、Roy Shilkrot
譯　　者：林哲逸
責任編輯：盧國鳳

董 事 長：蔡金崑
總 編 輯：陳錦輝

出　　版：博碩文化股份有限公司
地　　址：221 新北市汐止區新台五路一段 112 號 10 樓 A 棟
　　　　　電話 (02) 2696-2869　傳真 (02) 2696-2867

郵撥帳號：17484299　戶名：博碩文化股份有限公司
博碩網站：http://www.drmaster.com.tw
讀者服務信箱：DrService@drmaster.com.tw
讀者服務專線：(02) 2696-2869 分機 216、238
（週一至週五 09:30 ～ 12:00；13:30 ～ 17:00）

版　　次：2019 年 3 月初版

建議零售價：新台幣 500 元
I S B N：978-986-434-298-3（平裝）
律師顧問：鳴權法律事務所 陳曉鳴 律師

本書如有破損或裝訂錯誤，請寄回本公司更換

國家圖書館出版品預行編目資料

精通OpenCV 3 / Daniel Lélis Baggio 等著；林哲逸譯.
-- 初版 . -- 新北市：博碩文化，2019.03
　　面；　公分
譯自：Mastering OpenCV 3, 2nd ed.
ISBN 978-986-434-298-3(平裝)

1. 電腦視覺

312.837　　　　　　　　　　　　　107005859

Printed in Taiwan

歡迎團體訂購，另有優惠，請洽服務專線
博 碩 粉 絲 團　(02) 2696-2869 分機 216、238

作者簡介

Daniel Lélis Baggio 透過「醫學影像處理」開始了他在電腦視覺方面的工作。他在聖保羅的 InCor（Instituto do Coração–Heart Institute）進行血管內超音波影像分割。從那時候起，他專注於 GPGPU 的應用，並將分割演算法（segmentation algorithm）移植到 NVIDIA 的 CUDA 上。他也參與一個名為 ehci 的計畫（http://code.google.com/p/ehci/），致力於「自然使用者介面組」的「6自由度頭部追蹤」（6degrees of freedom head tracking）。現在他在巴西空軍工作。

Shervin Emami 出生於伊朗，他少年時期在澳洲自學了「電子學」和「業餘機器人技術」。當他在 15 歲製造第一個機器人時，他學到了 RAM 和 CPU 是如何運作的。這個概念令他感到十分驚奇，他很快地就設計並製作了一個「完整的 Z80 主機板」來控制他的機器人，並透過兩個代表 0 和 1 的按鈕，以「純二進位機器碼」撰寫了整個程式。

在學到電腦可以利用像是「組合語言」或是「高階編譯器」等「更簡單的方式」來進行程式設計後，Shervin 迷上了電腦程式設計，從那之後，幾乎每天都在桌上型電腦、機器人、智慧型手機上進行程式設計。他在青年時期，製作了 Draw3D（http://draw3d），這是一個包含 30,000 行「最佳化 C 和組合語言程式碼」的 3D 建模器，渲染 3D 影像的速度比當時所有其它商用選擇更快。但他在 3D 硬體加速變得可行之後，對圖形程式設計失去了興趣。

在大學裡，Shervin 選修了一門電腦視覺的課程，並對它產生了濃厚的興趣。因此，在 2003 年的第一篇論文中，他撰寫了一個「以特徵臉（Eigenface）為基礎」的即時人臉偵測程式，並使用 OpenCV (beta 3) 作為攝影機輸入。在 2005 年的碩士論文中，他使用 OpenCV (v0.96) 建立了「多移動機器人」的「視覺導航系統」。

從 2008 年起，他以 freelance 電腦視覺開發者的身分在阿布達比和菲律賓工作，在為數眾多的短期商業專案中使用 OpenCV，包含：

- 使用 Haar 或 Eigenface 進行臉部偵測
- 使用神經網路、EHMM 或 Eigenface 進行臉部辨識
- 使用 AAM 或 POSIT 從單一相片偵測臉部 3D 位置和方向
- 使用單一相片進行臉部 3D 旋轉

- 使用單一相片進行任意 3D 方向的臉部預處理和人工照明

- 性別辨識

- 臉部表情辨識

- 皮膚偵測

- 虹膜偵測

- 瞳孔偵測

- 視線追蹤

- 視覺顯著性追蹤

- 直方圖匹配

- 身體尺寸偵測

- 襯衫和比基尼偵測

- 貨幣辨識

- 視訊穩定化

- iPhone 上的臉部辨識

- iPhone 上的食品辨識

- iPhone 上的標記式擴增實境（這是當時 iPhone 上第二快的擴增實境 app）

OpenCV 提供了 Shervin 一家人溫飽，為了回饋 OpenCV，他開始定期在論壇上提供建議，並在自己的網站發布免費的 OpenCV 教學（http://www.shervinemami.info/openCV.html）。2011 年，他聯絡其他免費 OpenCV 網站的站長來撰寫這本書。他也開始在 NVIDIA 進行「行動裝置上的電腦視覺最佳化」，與官方 OpenCV 開發者密切合作，開發 Android 上的 OpenCV 最佳化版本。2012 年，他還加入了 Khronos OpenVL 委員會，為行動裝置上的「電腦視覺硬體加速」建立標準，並成為 OpenCV 未來的基礎。

David Millán Escrivá 他 8 歲時，在 8086 個人電腦上使用 BASIC 程式語言撰寫了他的第一隻程式，它可以繪製基本方程式的 2D 圖形。2005 年，他以 OpenCV 進行電腦視覺輔助人機互動，從 Universitat Politécnica de Valencia 榮譽畢業，完成了他在 IT 領域的學業。他在西班牙 HCI 大會上發表了一個關於這個主題的期末專題。他參與了 Blender，一個開源的 3D 軟體專案，並以「電腦圖形軟體開發者」的身分製作了第一部商業電影《Plumiferos—Aventuras voladorasas》。

David 擁有超過 10 年的 IT 工作經驗，在電腦視覺、電腦圖學和模式辨識領域有豐富的經驗，從事過許多不同的專案和新創公司，並應用他在「電腦視覺」、「光學字元辨識」和「擴增實境」的知識。他是 DamilesBlog 的作者（http://blog.damiles.com），發表了許多關於「OpenCV」、「一般電腦視覺」和「光學字元辨識演算法」的研究和教學。David 也審校了 Lee Phillips 所寫的《gnuPlot Cookbook》一書（由 Packt 出版）。

Khvedchenia Ievgen 是來自烏克蘭的電腦視覺專家。他的職業生涯始於為「哈曼國際工業公司」研發一種以攝影機為基礎的「駕駛輔助系統」。隨後，他開始在 ESG 擔任電腦視覺顧問。如今，他是一名專注於「擴增實境應用程式」的獨立開發者。Ievgen 是「電腦視覺演講部落格的作者（http://computervisi-talks.com），他在部落格上發表有關「電腦視覺」和「擴增實境」的研究和教學。

Jason Saragih 於 2004 年和 2008 年，先後獲得澳洲坎培拉 Australian National University 的「機械電子榮譽學士學位」和「電腦科學博士學位」。從 2008 年到 2010 年，他是賓州匹茲堡 Carnegie Mellon University 機器人研究所的博士後研究員。從 2010 年到 2012 年，他以一名研究科學家的身分在「聯邦科學與工業研究組織」（CSIRO）工作。他目前是澳洲新創科技公司 Visual Features 的資深研究科學家。

Saragih 博士在電腦視覺領域做出了許多貢獻，特別是在「可變形模型的註冊和建模」的領域。他是 DeMoLib 和 FaceTracker 的作者，而這兩個科學界廣泛使用的「非營利開源函式庫」都使用了通用的電腦視覺函式庫，包括 OpenCV。

Roy Shilkrot 是電腦視覺和電腦圖形領域的研究人員和專業人員。他在 Telv-Aviv-Yaffo Academic College 獲得電腦科學學士學位，並在 Telv-Aviv University 獲得碩士學位。他目前是劍橋市麻省理工學院 Media Laboratory 的博士生。

Roy 在新創公司和企業擁有超過 7 年的軟體工程師經驗。在加入麻省理工學院 Media Laboratory 擔任研究助理之前，他曾在電信解決方案提供商 Comverse 的 Innovation Laboratory 擔任技術策略師。他還涉足諮詢業，也曾在微軟 Redmond 研究院實習。

審校者簡介

Vinícius Godoy 是 PUCPR 的教授，也是遊戲開發網站 Ponto V! 的站長。他擁有 PUCPR 的「電腦視覺和影像處理」碩士學位、Universidade Positivo 的「遊戲開發」專業學位，以及 UFPR 的「資訊科學－網路技術」學位。他也是 Packt 出版的《OpenCV by Example》的作者之一，目前正在 PUCPR 撰寫關於醫學影像的博士論文。

他在軟體開發領域工作超過二十年。他曾在西門子設計和撰寫「PBX 測試用」的「多執行緒框架」、為 Aurelio 統籌詞典軟體的 100 年版（包含 Android、 IOS 和 Windows Phone 等行動裝置版本）、為 Positivo 的教育桌 Mesa Alfabeto 統籌一場在 CEBIT 舉辦的「擴增實境教育活動」，以及在一家名為 Sinax 的 BPMS 公司進行 IT 管理。

目錄

前言

《精通 OpenCV 3》（第二版）的每個章節都是一個完整專案「從頭到尾」的教學，使用 OpenCV 的 C++ 介面，並包含完整的原始碼。每一章的作者都是根據他們在這個主題對 OpenCV 社群「備受推崇的貢獻」來選擇的，而這本書也經過了 OpenCV 主要開發者之一 的審閱。本書展示如何應用 OpenCV 解決完整的問題，而不只是解釋 OpenCV 的基本功 能。其中包括幾個 3D 攝影機專案（例如：從運動建立 3D 結構）和幾個臉部分析項目（如 皮膚偵測、簡單的臉部和眼部偵測、複雜的臉部特徵追蹤、3D 頭部方向估算，以及人臉 辨識），因此，它將成為其它現有 OpenCV 書籍的最佳夥伴。

本書涵蓋

「第 1 章，在樹莓派上建立卡通化器和膚色轉換器」，包含桌面和樹莓派（Raspberry Pi）應用程式的完整教學和原始碼，可以從一張真實的攝影機影像「自動生成」卡通或 繪畫，並支援幾種可能的卡通類型，其中也包括膚色轉換器。

「第 2 章，使用 OpenCV 探索運動恢復結構」，藉由在 OpenCV 中實作運動恢復結構 （SfM），介紹了 SfM 的概念。讀者將學習如何從數個 2D 影像重建 3D 幾何影像，以及如 何估算攝影機的位置。

「第 3 章，使用支援向量機和神經網路進行車牌辨識」，包含完整的教學和原始碼，來建 立一個自動車牌辨識程式，並使用了模式辨識演算法、支援向量機和人工神經網路。讀 者將學會如何「訓練」和「預測」模式識別演算法，來判斷影像是否為一個車牌。它也 有助於將一組特徵分類為特定字元。

「第 4 章，非剛性人臉追蹤」，包含完整的教學和原始碼，來建立一個動態臉部追蹤系 統，可以針對一個人臉部「許多複雜的部分」進行建模和追蹤。

「第 5 章，使用 AAM 和 POSIT 進行 3D 頭部姿勢估算」，包含所有背景知識，來瞭解什 麼是主動外觀模型（Active Appearance Models，AAMs），以及如何使用 OpenCV 和一組 具有「不同臉部表情」的臉部框架來建立它們。此外，本章還解釋了如何透過 AAMs 提 供的「適配功能」來配對給定的影格。然後，透過 POSIT 演算法便可以找出 3D 頭部姿勢。

「第 6 章，使用 Eigenface 或 Fisherface 進行人臉辨識」，包含完整教學和原始碼的即時人臉辨識程式，也包括基本的人臉和眼部檢測，用以處理「人臉的旋轉」和「不同光照條件下的影像」。

本書的先備條件

您不需具備電腦視覺方面的專業知識才能閱讀本書，但您在閱讀本書之前，應該要有「良好的 C/C++ 程式設計技能」和「基本的 OpenCV 經驗」。沒有 OpenCV 經驗的讀者建議先閱讀《Learning OpenCV》來取得 OpenCV 相關功能的介紹，或閱讀《OpenCV 2 Cookbook》來掌握如何在 OpenCV 中使用推薦的 C/C++ 模式，因為本書將假設您已經熟悉「基本的 OpenCV 和 C/C++ 開發」，以此向您展示如何解決真實的問題。

除了 C/C++ 和 OpenCV 經驗，您還需要一台電腦和您選擇的 IDE（例如 Visual Studio、XCode、Eclipse 或 QtCreator，在 Windows、Mac 或 Linux 上執行）。有些章節還有進一步的要求，特別是：

- 要在樹莓派上開發 OpenCV 程式，您將需要一台樹莓派設備、相關工具和基本的樹莓派開發經驗。
- 要開發 iOS 應用程式，您將需要 iPhone、iPad 或 iPod Touch 設備、iOS 開發工具（包含蘋果電腦、XCode IDE 和蘋果開發者認證），以及基本的 iOS 和 Objective-C 開發經驗。
- 有幾個桌面專案將需要一台連接到您電腦的「網路攝影機」（webcam）。任何一個普通的 USB 網路攝影機就應該可行，但最好是有「至少 100 萬畫素」的攝影機。
- 有些項目，包含 OpenCV 本身，使用 CMake 來進行「跨作業系統」和「編譯器」的建置工作。您必須具備建置系統的基本概念，並且建議擁有跨平台建置的相關知識。

本書預期您對線性代數有一定的瞭解，如基本向量和矩陣運算，以及特徵分解（eigen decomposition）等等。

本書目標讀者

如果您是「擁有 OpenCV 基本知識的開發人員」，並想「建立實用的電腦視覺專案」，或者您是「經驗豐富的 OpenCV 專家」，並想「獲得更多的電腦視覺相關技能」，《精通 OpenCV 3》（第二版）就會是您的最佳選擇。本書也希望幫助「電腦科學領域」的大四生、碩博士生、研究人員和電腦視覺專家，透過逐步的實務教學，使用 OpenCV C++ 介面解決生活中的真實問題。

本書排版格式

在本書中，您會發現許多不同種類的排版格式，以不同的格式區分不同意義的資訊。以下是這些排版格式的範例和說明。

文章中的程式碼、資料庫表格名稱、資料夾名稱、檔案名稱、附檔名、路徑、虛擬 URL、使用者輸入和 Twitter 等，將以如後方式顯示：「您應該將本章多數程式碼放入 cartoonifyImage() 函式之中。」

程式碼區塊將顯示如下：

```
int cameraNumber = 0;
if (argc> 1)
  cameraNumber = atoi(argv[1]);
// Get access to the camera.
cv::VideoCapture capture
```

當我們希望您特別注意程式碼區塊的特定部分時，相關行或項目將以粗體顯示：

```
// Get access to the camera.
cv::VideoCapture capture;
camera.open(cameraNumber);
if (!camera.isOpened()) {
  std::cerr<< "ERROR: Could not access the camera or video!" <<
```

所有命令列的輸入和輸出將顯示如下：

```
cmake -G "Visual Studio 10"
```

新的專有名詞和重要字詞將以粗體顯示。您在螢幕上看到的字詞，如在選單或是對話方塊之中，將如此顯示：「為了下載新模組，我們將前往 **檔案 | 設定 | 專案名稱 | 專案直譯器**」（In order to download new modules, we will go to **Files | Settings | Project Name | Project Interpreter**）

 警告或重要提示會出現在像這樣的方框中。

 提示和技巧，看起來會像這樣。

讀者回饋

我們永遠歡迎讀者的回饋。讓我們知道您對這本書的看法，您喜歡什麼或不喜歡哪些部分。讀者回饋對我們來說相當重要，因為它能幫助我們開發對您真正有用的書籍。

要向我們發送一般性的回饋，只需發送 e-mail 到 feedback@packtpub.com，並在郵件標題中註明該書的書名。

如果您有一個相當擅長的主題，並且對撰寫或投稿書籍感興趣，請參考我們的作者指南：www.packtpub.com/authors。

客戶服務

您現在已經是一位自豪的 Packt 書籍擁有者，我們有幾個方法可以幫助您，從您的購買中獲得最大的收益。

▎下載範例程式

您可以前往此網址：http://www.packtpub.com，從您的帳戶下載本書的範例程式碼。如果您是透過其它管道購買本書，您可以前往 http://www.packtpub.com/support 進行註冊，相關檔案將會透過 e-mail 寄送給您。

您可以用以下步驟下載程式碼：

1. 使用您的 email 地址和密碼登錄或註冊我們的網站。

2. 將滑鼠遊標移動到頂部的 **SUPPORT**。

3. 點擊 **Code Downloads & Errata**。

4. 在搜尋框中輸入書名。

5. 選擇要下載程式碼檔案的書籍。

6. 從下拉選單中選擇您購買這本書的管道。

7. 點擊 **Code Download**。

檔案下載完成後，請確保您使用以下軟體的最新版本來解壓縮或提取資料夾：

- **Windows**：WinRAR / 7-Zip
- **Mac**：Zipeg / iZip / UnRarX
- **Linux**：7-Zip / PeaZip Linux

本書程式碼也託管在 GitHub 上：https://github.com/PacktPublishing/Mastering-OpenCV3-Second-Edition。我們也將其它豐富書籍和影片的程式碼包收錄在：https://github.com/PacktPublishing/。快來看看！

▌下載本書的彩色影像

我們還提供您一個 PDF 檔，其中包含本書中使用的螢幕截圖和彩色圖表。彩色的影像將幫助您更加理解輸出中的變化。您可以到這裡下載這個檔案：https://www.packtpub.com/sites/default/files/downloads/MasteringOpenCV3SecondEdition_ColorImages.pdf。

▌勘誤

雖然我們已經盡可能確保內容的準確性，錯誤還是會發生。如果您在我們的某本書中發現了錯誤，例如文章或程式碼中的錯誤，請向我們回報，我們將不勝感激。這樣一來，您也可以讓其他讀者免於挫折，並幫助我們改善本書的後續版本。如果您發現任何錯誤，請至此進行回報：www.packtpub.com/submit-errata。首先選擇您的書籍，點擊 **Errata**

Submission Form，並輸入您發現的勘誤細節。一旦您的勘誤被證實，您的提交將被接受，而勘誤將會上傳到我們的網站，或添加到目前的勘誤表中。

若要查看過去提交的勘誤表，請至 https://www.packtpub.com/books/content/support，並在搜索欄中輸入書名。所需的資訊將出現在勘誤表區段下方。

▎著作權侵犯

對網路上「受著作權保護的資料」非法盜版，是所有媒體要持續面對的問題。在 Packt，我們非常重視保護我們的版權許可。如果您在網路上發現以任何形式非法複製我們的出版物，請立刻提供我們網址或網站名稱，以便我們尋求補救措施。

請透過 copyright@packtpub.com 與我們聯繫，並提供可疑的盜版連結。

感謝您協助我們保護作者的權益，以及我們爲您帶來寶貴內容的能力。

▎問題

如果您對本書有任何方面的疑問，您可以透過 questions@packtpub.com 與我們聯繫，我們將盡力解決這些問題。

1
在樹莓派上建立卡通化器和膚色轉換器

本章將示範如何在「桌面」以及「樹莓派」（Raspberry Pi）等小型嵌入式系統上撰寫一些「影像處理濾波器」（image processing filter）。首先，我們在桌面上撰寫這個程式（使用 C/C++），然後將它移植到樹莓派上，因爲這是一般推薦的嵌入式系統開發模式。本章將涵蓋下列主題：

- 如何將眞實的相片轉換成草稿（a sketch drawing）
- 如何轉換成繪畫並覆蓋在草稿圖上，用來產生卡通圖（cartoon）
- 創造「壞角色」而非好角色的「恐怖邪惡模式」（a scary evil mode）
- 一個基本的皮膚偵測器（skin detector）和膚色轉換器（skin color changer），用來給予某人綠色外星人皮膚
- 最後，如何根據我們的桌面應用程式來建立嵌入式系統

注意，**嵌入式系統（embedded system）**基本上只是將一個電腦主機板放入一個產品或設備之中，用以執行特定的任務；而**樹莓派（Raspberry Pi）**則是一個用來「建立」嵌入式系統、非常低成本且受歡迎的主機板：

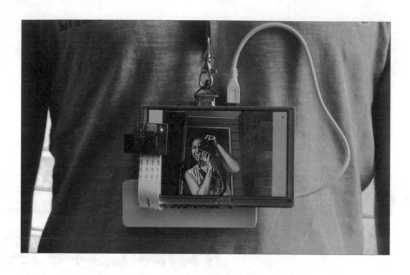

圖片顯示了您在完成本章之後將可以建立什麼:一個電池驅動的樹莓派+螢幕,讓您可以穿去參加動漫展(Comic Con),並把每個人都變成一張卡通!

我們想讓真實世界的「攝影機影格」(camera frame)自動看起來像是「來自卡通」。基本想法是用一些顏色填滿平坦的部分,然後在明顯的邊緣上繪製粗線。換句話說,平坦的區域應該變得更加平坦,邊緣應該變得更加清晰。我們將檢測邊緣,使平坦的區域更加平滑,並在其上方繪製增強的邊緣,以產生卡通或漫畫書的效果。

在開發嵌入式電腦視覺系統時,最好先建立一個可正確運作的桌面版本,然後才將其移植到嵌入式系統上,因為桌面程式的「開發」和「除錯」要比嵌入式系統容易得多!因此,本章將從一個完整的「桌面卡通化程式」開始,您可以使用您最喜歡的 IDE(例如,Visual Studio、XCode、Eclipse、QtCreator)來建立這個程式。當它能夠在您的桌面上正常運作之後,最後一節將示範如何從桌面版本建立嵌入式系統。許多嵌入式專案需要一些「針對嵌入式系統」的特製程式碼,例如:使用不同的輸入和輸出,或者使用一些平台限定的程式碼最佳化。然而,在本章中,我們將在嵌入式系統和桌面上執行「完全相同的程式碼」,因此我們只需要建立一個專案。

該應用程式使用一個 **OpenCV GUI** 視窗,初始化攝影機,並對每個攝影機影格呼叫 cartoonifyImage() 函式,其中包含本章大部分的程式碼。然後它將在 GUI 視窗上顯示處理後的影像。本章將解釋如何使用 USB 網路攝影機「從頭開始建立」桌面應用程式,以及如何使用樹莓派攝影機模組「從桌面應用程式建立嵌入式系統」。因此,首先您將在您最喜歡的 IDE 中建立一個桌面專案,包含一個 main.cpp 檔,用來撰寫下面幾節

中所提供的「GUI 程式碼」，如主迴圈、攝影機功能、鍵盤輸入等。然後您將建立一個 cartoon.cpp 檔，並在一個名為 cartoonifyImage() 的函式中撰寫包含本章大部分程式碼的影像處理操作。

 本書的完整原始碼可在此取得：http://github.com/MasteringOpenCV/code。

存取攝影機

若要存取一台電腦的網路攝影機或攝影設備，您只需呼叫一個 cv::VideoCapture 物件上的 open() 函式（OpenCV 存取攝影機設備的方法），並傳遞 0 作為預設的攝影機 ID 編號。有時電腦上附帶了數個攝影機，或它們並非作為預設攝影機 0，因此一般的做法是「允許」使用者將所需的攝影機編號作為「命令列參數」傳遞，例如：使用者可能想嘗試攝影機 1、2 或 -1。我們也將嘗試使用 cv::VideoCapture::set() 來將攝影機解析度設置為 640x480，以便在使用「高解析度攝影機」時執行得更快。

 根據您的攝影機模型、驅動程式或系統，OpenCV 可能不會更改攝影機的屬性。這對「這個專案」來說並不重要，所以如果您的攝影機不能正常運作，也不用擔心。

您可以把這段程式碼放在 main.cpp 檔的 main() 函式之中：

```
int cameraNumber = 0;
if (argc> 1)
cameraNumber = atoi(argv[1]);

// Get access to the camera.
cv::VideoCapture camera;
camera.open(cameraNumber);
if (!camera.isOpened()) {
  std::cerr<<"ERROR: Could not access the camera or video!"<<
  std::endl;
  exit(1);
}

// Try to set the camera resolution.
```

```
camera.set(cv::CV_CAP_PROP_FRAME_WIDTH, 640);
camera.set(cv::CV_CAP_PROP_FRAME_HEIGHT, 480);
```

在網路攝影機初始化之後，您可以把「當前攝影機影像」擷取為 cv::Mat 物件（OpenCV 的影像容器）。您可以使用「C++ 串流運算子」（C++ streaming operator），把 cv::VideoCapture 物件中的每一個影格都擷取到 cv::Mat 物件之中，就像從控制台獲取「輸入」一樣。

> ℹ️ OpenCV 可讓你很容易就從「影片檔（如 AVI 或 MP4 檔）」或「網路串流」（而非從網路攝影機）擷取影格。不是傳遞一個整數，如 camera.open(0)，而是傳遞一個字串，如 camera.open("my_video.avi")，然後就可以如網路攝影機般擷取影格。本書提供的原始碼有一個 initCamera() 函式，它可以打開一個網路攝影機、影片檔或網路流。

桌面應用程式的主要攝影機處理迴圈

如果您想使用 OpenCV 在螢幕上顯示一個 GUI 視窗，您可以為每張影像呼叫 cv::namedWindow() 函式，然後呼叫 cv::imshow() 函式，但是您還必須在每一影格呼叫 cv::waitKey() 一次，否則您的視窗將完全不會更新！呼叫 cv::waitKey(0) 會不斷等待，直到使用者在視窗中按下任意鍵，但是給予一個例如 waitKey(20) 或更高的正數，將會等待至少這麼多毫秒。

將這個主迴圈放到 main.cpp 檔中，作為即時攝影機應用程式的基礎：

```
while (true) {
  // Grab the next camera frame.
  cv::Mat cameraFrame;
  camera>>cameraFrame;
  if (cameraFrame.empty()) {
    std::cerr<<"ERROR: Couldn't grab a camera frame."<<
    std::endl;
    exit(1);
  }
  // Create a blank output image, that we will draw onto.
  cv::Mat displayedFrame(cameraFrame.size(), cv::CV_8UC3);

  // Run the cartoonifier filter on the camera frame.
```

```
cartoonifyImage(cameraFrame, displayedFrame);

// Display the processed image onto the screen.
imshow("Cartoonifier", displayedFrame);

// IMPORTANT: Wait for atleast 20 milliseconds,
// so that the image can be displayed on the screen!
// Also checks if a key was pressed in the GUI window.
// Note that it should be a "char" to support Linux.
char keypress = cv::waitKey(20); // Needed to see anything!
if (keypress == 27) { // Escape Key
  // Quit the program!
  break;
}
}//end while
```

產生一幅黑白草稿圖

為了獲得攝影機影格的草稿圖（黑白圖），我們將使用「邊緣檢測濾波器」（edge detection filter），而為了獲得一幅彩色繪圖，我們將使用「邊緣保持濾波器」（edge preserving filter；也就是雙邊濾波器，Bilateral filter），來進一步使平坦的區域更加平滑，同時保持邊緣的完整。透過將草稿疊加（overlay）在彩繪上，我們得到了卡通效果，如之前的最終 app 截圖所示。

有許多不同的邊緣檢測濾波器，如 Sobel、Scharr、Laplacian 濾波器或 Canny 邊緣檢測器。我們將使用 Laplacian 邊緣濾波器，因為它和 Sobel 或 Scharr 相比，產生的邊緣看起來「最接近手繪草稿圖」，而和 Canny 邊緣檢測器相比，產生的結果又相當穩定。Canny 雖然能產生非常乾淨的線條，但因為受攝影機影格中的「隨機雜訊」影響較大，因此在每一影格間的線條繪製經常會發生劇烈變化。

即使如此，在使用 Laplacian 邊緣濾波器之前，我們仍然需要降低影像中的雜訊。我們將使用「中值濾波器」（Median filter），因為它可以在「去除雜訊」的同時保持邊緣清晰，但又不像雙邊濾波器那麼緩慢。由於 Laplacian 濾波器使用灰階影像（grayscale image），我們必須將 OpenCV 的預設 BGR 格式轉換為灰階影像。在您的空白 cartoon.cpp 檔中，

將這段程式碼放在頂端，這樣您就不需要在每個地方輸入 cv:: 和 std::，可以直接存取 OpenCV 和 STD C++ 範本：

```
// Include OpenCV's C++ Interface
#include "opencv2/opencv.hpp"

using namespace cv;
using namespace std;
```

把以下程式碼和所有剩下的程式碼放進一個名為 cartoonifyImage() 的函式之中，並加入您的 cartoon.cpp 檔：

```
Mat gray;
cvtColor(srcColor, gray, CV_BGR2GRAY);
const int MEDIAN_BLUR_FILTER_SIZE = 7;
medianBlur(gray, gray, MEDIAN_BLUR_FILTER_SIZE);
Mat edges;
const int LAPLACIAN_FILTER_SIZE = 5;
Laplacian(gray, edges, CV_8U, LAPLACIAN_FILTER_SIZE);
```

Laplacian 濾波器會產生不同亮度的邊緣，因此，為了使邊緣看起來更像草稿，我們利用一個「二元臨界值」（binary threshold）來使邊緣變成白色或黑色：

```
Mat mask;
const int EDGES_THRESHOLD = 80;
threshold(edges, mask, EDGES_THRESHOLD, 255, THRESH_BINARY_INV);
```

在下圖中，您可以看到原始圖像（左圖）和產生的邊緣遮罩（右圖），它們看起來和草稿圖相似。在我們產生一幅彩繪之後（稍後解釋），我們也會將這張邊緣遮罩放在它上方，以獲得黑色線條圖：

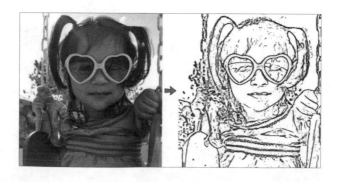

產生一張彩色圖畫和一幅卡通

強大的「雙邊濾波器」（Bilateral filter）能使平坦的區域更加平滑，同時也保持邊緣的鋒利；因此，它是一個絕佳的「自動卡通化器」或「繪畫濾波器」，只不過它非常緩慢（亦即，以秒甚至以分鐘度量，而不是毫秒！）因此，我們將使用一些技巧來獲得一個不錯的卡通化器，同時仍以「可接受的速度」執行。我們可以使用的「最重要的技巧」：在較低的解析度下執行雙邊過濾，而它將仍然具有「與完整解析度相似」的效果，但執行速度會快上許多。讓我們把總像素數減少到四分之一（例如，一半寬和一半高）：

```
Size size = srcColor.size();
Size smallSize;
smallSize.width = size.width/2;
smallSize.height = size.height/2;
Mat smallImg = Mat(smallSize, CV_8UC3);
resize(srcColor, smallImg, smallSize, 0,0, INTER_LINEAR);
```

若我們不使用一個大型雙邊濾波器，而是使用很多小型雙邊濾波器，便可在更短的時間內產生強烈的卡通效果。我們將截斷（truncate）濾波器頭尾（見下圖），使其僅使用「產生一個有力結果」所需的「最小尺寸濾波器」（例如，即使在鐘形曲線有 21 像素寬時，也只使用 9x9 的濾波器尺寸），而非執行整個濾波器（例如，在鐘形曲線有 21 像素寬時，使 21x21 的濾波器尺寸）。這個截斷的濾波器將會應用濾波器的「主要部分」（灰色區域），而不會浪費時間在濾鏡的「次要部分」（曲線下方的白色區域），所以它的執行速度會快上數倍：

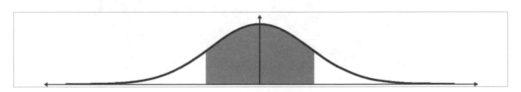

因此，我們有四個參數來控制雙邊濾波器：顏色強度、位置強度、大小和重複次數。我們將需要一個暫存 Mat，因為 bilateralFilter() 函式不能覆寫它的輸入（稱為就地處理，*in-place processing*），但我們可以將一個濾波器的結果儲存在一個暫存 Mat，再將另一個濾波器的結果存回輸入中：

```
Mat tmp = Mat(smallSize, CV_8UC3);
int repetitions = 7; // Repetitions for strong cartoon effect.
for (int i=0; i<repetitions; i++) {
  int ksize = 9; // Filter size. Has large effect on speed.
  double sigmaColor = 9; // Filter color strength.
  double sigmaSpace = 7; // Spatial strength. Affects speed.
  bilateralFilter(smallImg, tmp, ksize, sigmaColor, sigmaSpace);
  bilateralFilter(tmp, smallImg, ksize, sigmaColor, sigmaSpace);
}
```

請記得這是應用於縮小後的影像，因此我們需要將影像擴大到「原始大小」，然後我們可以覆蓋之前產生的邊緣遮罩。為了將邊緣遮罩 *sketch* 疊加到雙邊濾波器 *painting* 上（下圖左側），我們可以從黑色背景開始，然後複製 *sketch* 遮罩中「不是邊緣的 *painting* 像素」：

```
Mat bigImg;
resize(smallImg, bigImg, size, 0,0, INTER_LINEAR);
dst.setTo(0);
bigImg.copyTo(dst, mask);
```

結果是原始相片的卡通版，如下圖右側所示，圖畫上覆蓋了 *sketch* 遮罩：

使用邊緣濾波器產生一個邪惡模式

卡通和漫畫總是同時有好的角色和壞的角色。若使用正確的邊緣濾波器組合，即使是看似最無辜的人也能變成可怕的影像！訣竅是使用「小型邊緣濾波器」來找出整張影像上的許多邊緣，然後使用「小型中值濾波器」來將這些邊緣合併。

我們將在灰階影像上執行此操作和一些降噪，因此仍應使用「前面的程式碼」來將原始影像「轉換」為灰階，並應用「7x7中值濾波器」（下圖中的第一張影像顯示了「灰階中值模糊」的輸出結果）。在這之後，如果我們不使用Laplacian濾波器和二元臨界值，而是在x和y軸上使用「3x3 Scharr梯度濾波器」（圖中第二張影像），接著使用一個截斷非常低的「二元臨界值」（圖中第三張影像），最後使用一個「3x3中值模糊」，我們將可以得到一個更可怕的模樣，產生最後的 *evil* 遮罩（圖中第四張影像）：

```
Mat gray;
cvtColor(srcColor, gray, CV_BGR2GRAY);
const int MEDIAN_BLUR_FILTER_SIZE = 7;
medianBlur(gray, gray, MEDIAN_BLUR_FILTER_SIZE);
Mat edges, edges2;
Scharr(srcGray, edges, CV_8U, 1, 0);
Scharr(srcGray, edges2, CV_8U, 1, 0, -1);
edges += edges2;
// Combine the x & y edges together.
const int EVIL_EDGE_THRESHOLD = 12
threshold(edges, mask, EVIL_EDGE_THRESHOLD, 255,
THRESH_BINARY_INV);
medianBlur(mask, mask, 3)
```

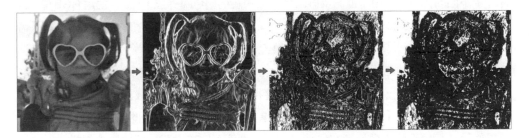

現在我們有了一個 *evil* 遮罩，我們可以把這個遮罩覆蓋在 *cartoonified* 繪畫影像上，就像我們使用普通的 *sketch* 邊緣遮罩一樣。最終結果如下圖右側所示：

使用皮膚偵測產生一個外星人模式

現在我們有了 *sketch* 模式，*cartoon* 模式（*painting* + *sketch* 遮罩）和 *evil* 模式（*painting* + *evil* 遮罩），為了好玩，讓我們嘗試一些更複雜的：*alien* 模式，即透過偵測臉部皮膚區域，然後將皮膚顏色改為綠色。

▎皮膚偵測演算法

有許多不同的技術可以用來偵測皮膚區域，從單純的顏色臨界值，例如：使用 **RGB 值（紅綠藍）**、**HSV 值（色相—飽和度—亮度）**，或「色彩直方圖計算」和「再投影」，到「需要在 **CIELab** 色彩空間進行相機校正，並離線訓練許多樣本臉孔等等」的「複雜混合模型機器學習演算法」。但即使是複雜的方法，也不一定能在不同的「相機」、「光照條件」和「皮膚類型」下有效運作。由於我們希望在嵌入式裝置上執行我們的皮膚偵測，並未進行任何「校正」或「訓練」，而且我們只是使用皮膚偵測作為一個有趣的影像濾波器，所以使用一個簡單的皮膚偵測方法就足夠了。然而，由於樹莓派相機模組中的「微型相機感測器」的「顏色回應」往往變化很大，而我們希望皮膚偵測能夠支援任何人的膚色，但沒有任何校準，所以我們需要比簡單的顏色臨界值更可靠的東西。

例如，一個簡單的 HSV 皮膚偵測器，只要任何「圖元」（pixel）的「色相顏色」（hue color）比較偏紅，飽和度較高但不到非常高，亮度不會太暗也不會太亮，就可以當作「皮膚」看待。但是手機或樹莓派相機模組中的相機往往「白平衡」較差，因此一個人的皮膚看起來可能不是紅色，而是藍色等等，這將是簡單「HSV 臨界值法」的一個主要問題。

一個更穩健的解決方案是使用「Haar 或 LBP 級聯分類器」進行人臉偵測（示於「第 6 章，使用 Eigenface 或 Fisherface 進行人臉辨識」），然後查看偵測到的「臉部中間區域」的圖元顏色範圍，因為你已經知道那些圖元將屬於真實人類的皮膚。然後你可以掃描整個影像或附近的區域，尋找與「臉部中央顏色」相似的圖元。這樣做的好處是，無論被偵測的人的皮膚是什麼顏色，或者即使他們的皮膚在相機影像中看起來有點發藍或發紅，我們都很有可能找到「至少一部分真實」的皮膚區域。

不幸的是，在目前的嵌入式裝置上使用「級聯分類器」進行人臉偵測將非常緩慢，因此這種方法對於某些「即時嵌入式應用程式」可能不太理想。另一方面，我們可以利用這一點：在使用「行動應用程式」和「嵌入式系統」時，可以預期使用者將直接面向相機並且靠得很近。所以我們可以合理的要求使用者將他們的臉放在一個「特定的位置和距離」，而不必試圖偵測他們「臉的位置和大小」。這是許多手機應用程式的基礎，它們要求使用者將自己的臉放在某個位置，或者可能手動拖拉螢幕上的點，以「顯示」他們臉部四個角落在照片中的位置。所以讓我們來簡單地在螢幕中央畫出一張臉的輪廓，並要求使用者將他們的臉移動到「符合顯示」的位置和大小。

▌告訴使用者該把臉放在哪裡

當 *alien* 模式第一次啟動時，我們會在相機幀（camera frame）上面繪製人臉輪廓，這樣使用者就知道該把自己的臉放在哪裡了。我們將會畫上一個大橢圓，覆蓋 70% 的影像高度，並將「長寬比」固定為 0.72，這樣臉部才不會因為相機的「長寬比」而變得太瘦或太胖：

```
// Draw the color face onto a black background.
Mat faceOutline = Mat::zeros(size, CV_8UC3);
Scalar color = CV_RGB(255,255,0); // Yellow.
int thickness = 4;

// Use 70% of the screen height as the face height.
int sw = size.width;
int sh = size.height;
int faceH = sh/2 * 70/100; // "faceH" is radius of the ellipse.

// Scale the width to be the same nice shape for any screen width.
int faceW = faceH * 72/100;
// Draw the face outline.
```

```
ellipse(faceOutline, Point(sw/2, sh/2), Size(faceW, faceH),
    0, 0, 360, color, thickness, CV_AA);
```

為了讓它更明顯地是一張臉,我們再畫上兩個眼睛輪廓。我們不把眼睛畫成一個橢圓,是為了給它多一點真實感(請看下一張圖),在眼睛的上半部畫一個截斷的橢圓,下半部也畫一個截斷的橢圓,因為我們可以在使用ellipse()函式時「指定」開始和結束的角度:

```
// Draw the eye outlines, as 2 arcs per eye.
int eyeW = faceW * 23/100;
int eyeH = faceH * 11/100;
int eyeX = faceW * 48/100;
int eyeY = faceH * 13/100;
Size eyeSize = Size(eyeW, eyeH);

// Set the angle and shift for the eye half ellipses.
int eyeA = 15; // angle in degrees.
int eyeYshift = 11;

// Draw the top of the right eye.
ellipse(faceOutline, Point(sw/2 - eyeX, sh/2 -eyeY),
eyeSize, 0, 180+eyeA, 360-eyeA, color, thickness, CV_AA);

// Draw the bottom of the right eye.
ellipse(faceOutline, Point(sw/2 - eyeX, sh/2 - eyeY-eyeYshift),
eyeSize, 0, 0+eyeA, 180-eyeA, color, thickness, CV_AA);

// Draw the top of the left eye.
ellipse(faceOutline, Point(sw/2 + eyeX, sh/2 - eyeY),
eyeSize, 0, 180+eyeA, 360-eyeA, color, thickness, CV_AA);

// Draw the bottom of the left eye.
ellipse(faceOutline, Point(sw/2 + eyeX, sh/2 - eyeY-eyeYshift),
    eyeSize, 0, 0+eyeA, 180-eyeA, color, thickness, CV_AA);
```

我們可以用同樣的方法畫出嘴巴的下嘴唇:

```
// Draw the bottom lip of the mouth.
int mouthY = faceH * 48/100;
int mouthW = faceW * 45/100;
```

```
int mouthH = faceH * 6/100;
ellipse(faceOutline, Point(sw/2, sh/2 + mouthY), Size(mouthW,
    mouthH), 0, 0, 180, color, thickness, CV_AA);
```

為了更加明顯地「提示使用者」應該把他們的臉放在「標示的位置」，讓我們在螢幕上寫一條訊息！

```
// Draw anti-aliased text.
int fontFace = FONT_HERSHEY_COMPLEX;
float fontScale = 1.0f;
int fontThickness = 2;
char *szMsg = "Put your face here";
putText(faceOutline, szMsg, Point(sw * 23/100, sh * 10/100),
    fontFace, fontScale, color, fontThickness, CV_AA);
```

現在我們已經繪製了臉部輪廓，我們可以將它疊加到顯示的影像上，並使用 alpha 混合將「卡通化影像」與「繪製的輪廓」結合起來：

```
addWeighted(dst, 1.0, faceOutline, 0.7, 0, dst, CV_8UC3);
```

這就產生了如下圖所示的輪廓，向使用者「標示」了他們的臉應該放在哪裡，而我們就不需要偵測臉的位置：

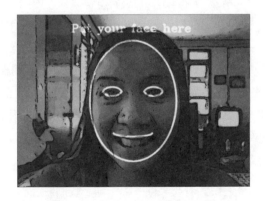

實作膚色轉換器

與其「先偵測膚色，再偵測具有該膚色的區域」，我們可以使用 OpenCV 的 floodFill() 函式，這是類似許多影像編輯軟體中的「填色工具」。我們已經知道螢幕中間的區域應該是皮膚圖元（因為我們要求使用者把他們的臉放在中間），因此如果要將整個臉部的皮膚變成綠色，我們只須對中央圖元使用綠色「泛洪填充」（flood fill），這總是能將一部分的人臉變成綠色。在現實中，人臉不同部位的顏色、飽和度和亮度可能是不同的，因此「洪水填充法」很少會涵蓋人臉的所有皮膚圖元，除非臨界值低到連人臉外部不需要的圖元也被涵蓋。因此，與其在「影像中心點」應用「單一的泛洪填充」，不如在臉部周圍「六個不同的點上」應用泛洪填充，而這些點應該是皮膚圖元點。

OpenCV 的 floodFill() 有一個很好的特性：它可以將泛洪填充繪製到「外部影像」中，而不是修改輸入影像。因此，這個特性可以給我們一個遮罩影像，在不改變亮度或飽和度的情況下，「調整」皮膚圖元的顏色，產生比「所有的皮膚圖元都變成相同的綠色圖元（即失去重要的臉部細節）」還要「更真實」的影像。

在 RGB 色彩空間中，改變膚色的效果不是很好，因為你希望允許「臉部亮度變化」，但不願允許「膚色變化」太多，而 RGB 無法將「亮度」（brightness）從「顏色」（color）之中區分出來。其中一種解決方案是使用 HSV 色彩空間，因為它能將「亮度」從「顏色」（色相，Hue）和「色彩鮮艷度」（飽和度，Saturation）之中分離出來。不幸的是，HSV 以「紅色」包圍色相值的兩端，由於皮膚大部分是紅色的，這意味著你需要同時使用 *Hue < 10%* 和 *Hue > 90%*，因為它們都是紅色的。因此，我們將使用 **Y'CrCb 色彩空間**（OpenCV 中 YUV 的變體），因為它將亮度與顏色分離，且對於典型的膚色只有一個範圍值，而不是兩個。請注意，大多數相機、圖片和影片實際上都使用某種類型的 YUV 作為它們的色彩空間，然後才轉換到 RGB，因此在許多情況下，你可以直接獲得 YUV 影像，而無需自己進行轉換。

因為我們希望我們的外星人模式看起來像一幅卡通，我們將在影像被卡通化後，再應用 *alien* 濾鏡。換句話說，我們可以存取由雙邊濾波器產生的「縮小彩色影像」，並存取「全尺寸」的邊緣遮罩。皮膚偵測通常在「低解析度下」效果更好，因為它相當於分析「每個高解析度圖元的鄰域」的「平均值」（或者是低頻信號，而不是高頻吵雜信號）。所以讓我們使用和雙邊濾波器相同的「縮小尺度」（半寬半高）。讓我們將繪畫影像轉換為YUV：

```
Mat yuv = Mat(smallSize, CV_8UC3);
cvtColor(smallImg, yuv, CV_BGR2YCrCb);
```

我們還需要縮小邊緣遮罩，使其與繪畫影像的比例相同。OpenCV的floodFill()函式有個比較複雜的情況，當儲存到另一個遮罩影像時，該遮罩應該要有「1圖元寬的邊界」包圍整個影像，因此如果輸入影像的尺寸是WxH圖元，那麼另一個遮罩影像應該有 *(W+2) x (H+2)* 圖元。但是floodFill()函式也允許我們用邊界來初始化遮罩，而「泛洪填充演算法」將確保它不會跨越。讓我們使用這個功能，希望它能幫助我們「防止」泛洪填充向外擴散。所以我們需要提供兩個遮罩影像：一個是尺寸為 *WxH* 的邊緣遮罩，而另一個影像是完全相同的邊緣遮罩，但尺寸為 *(W+2)x(H+2)*，因為它應該包含影像周圍的邊框。我們可以讓多個 cv::Mat 物件（或標頭，headers）參考相同的資料，甚至可以讓一個 cv::Mat 物件參考另一個 cv::Mat 影像的子區域。因此，我們將不配置兩個單獨的影像或複製邊緣遮罩圖元，而是配置「一個包含邊界的遮罩影像」，再建立另一個 *WxH* 的 cv::Mat 標頭（它只參考泛洪填充遮罩中「不包含邊界的目標區域」）。換句話說，只有一個尺寸為 *(W+2)x(H+2)* 的圖元陣列，但是有兩個 cv::Mat 物件，其中一個參考了整個 *(W+2)x(H+2)* 影像，另一個則參考了影像中間的 *WxH* 區域：

```
int sw = smallSize.width;
int sh = smallSize.height;
Mat mask, maskPlusBorder;
maskPlusBorder = Mat::zeros(sh+2, sw+2, CV_8UC1);
mask = maskPlusBorder(Rect(1,1,sw,sh));
// mask is now in maskPlusBorder.
resize(edges, mask, smallSize); // Put edges in both of them.
```

邊緣遮罩（如下圖左側所示）充滿了強邊和弱邊（strong and weak edges），但我們只想要強邊，因此我們將應用一個二元臨界值（產生下圖的中間影像）。為了連接邊緣之間的一些縫隙，我們將結合「形態運算子」（morphological operators）dilate() 和 erode() 來消除一些縫隙（這也稱為閉合運算子，close operator），結果將如圖右所示：

```
const int EDGES_THRESHOLD = 80;
threshold(mask, mask, EDGES_THRESHOLD, 255, THRESH_BINARY);
dilate(mask, mask, Mat());
erode(mask, mask, Mat());
```

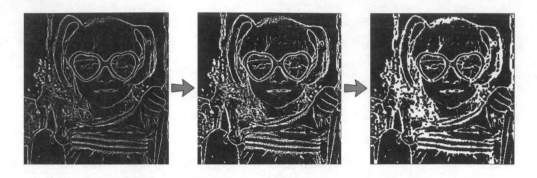

如前所述,我們想要在臉部周圍的許多「點」上應用泛洪填充,以確保我們包含到整個臉部的各種顏色和陰影。讓我們選擇鼻子、臉頰和前額周圍的六個點,如下圖左側所示。注意,這些「值」依賴於前面繪製的臉部輪廓:

```
int const NUM_SKIN_POINTS = 6;
Point skinPts[NUM_SKIN_POINTS];
skinPts[0] = Point(sw/2, sh/2 - sh/6);
skinPts[1] = Point(sw/2 - sw/11, sh/2 - sh/6);
skinPts[2] = Point(sw/2 + sw/11, sh/2 - sh/6);
skinPts[3] = Point(sw/2, sh/2 + sh/16);
skinPts[4] = Point(sw/2 - sw/9, sh/2 + sh/16);
skinPts[5] = Point(sw/2 + sw/9, sh/2 + sh/16);
```

現在我們只需要為泛洪填充尋找一些好的下界和上界(lower and upper bounds)。記住這是在 **Y'CrCb 色彩空間**中進行的,所以我們基本上需要決定「亮度可以變化多少」、「紅色分量(component)可以變化多少」,以及「藍色分量可以變化多少」。我們想允許亮度有很大的變化,才能包括「陰影」以及「強光」和「反射」,但我們不希望顏色變化太多:

```
const int LOWER_Y = 60;
const int UPPER_Y = 80;
const int LOWER_Cr = 25;
const int UPPER_Cr = 15;
const int LOWER_Cb = 20;
const int UPPER_Cb = 15;
Scalar lowerDiff = Scalar(LOWER_Y, LOWER_Cr, LOWER_Cb);
Scalar upperDiff = Scalar(UPPER_Y, UPPER_Cr, UPPER_Cb);
```

我們將使用 floodFill() 函式的預設旗標（default flag），但是我們想要儲存至外部遮罩，所以我們必須指定 FLOODFILL_MASK_ONLY：

```
const int CONNECTED_COMPONENTS = 4; // To fill diagonally, use 8.
const int flags = CONNECTED_COMPONENTS | FLOODFILL_FIXED_RANGE
  | FLOODFILL_MASK_ONLY;
Mat edgeMask = mask.clone(); // Keep a copy of the edge mask.
// "maskPlusBorder" is initialized with edges to block floodFill().
for (int i = 0; i < NUM_SKIN_POINTS; i++) {
  floodFill(yuv, maskPlusBorder, skinPts[i], Scalar(), NULL,
    lowerDiff, upperDiff, flags);
}
```

下圖左側顯示了六個泛洪填充的位置（以圓圈標示），右側則顯示產生的外部遮罩，其中皮膚顯示為灰色，而邊緣顯示為白色。注意，這裡為了本書而修改了右側影像，使（值1的）皮膚圖元清晰可見：

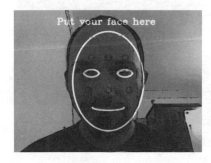 

遮罩影像（如上圖右側所示）現在包含以下內容：

- 圖元值 255 的邊緣圖元
- 圖元值 1 的皮膚區域
- 圖元值 0 的其它區域

同時，edgeMask 只包含邊緣圖元（值 255）。因此，為了得到皮膚圖元，我們可以從中刪除邊緣：

```
mask -= edgeMask;
```

`mask` 變數現在只包含代表皮膚圖元的 1 和非皮膚圖元的 0。為了改變原始影像的膚色和亮度，我們可以使用 `cv::add()` 函式和皮膚遮罩，來增加原始 BGR 影像中的綠色分量：

```
int Red = 0;
int Green = 70;
int Blue = 0;
add(smallImgBGR, CV_RGB(Red, Green, Blue), smallImgBGR, mask);
```

下圖左邊是原始影像，右邊則是最終的外星人卡通影像，現在至少有六個部分的臉是綠色的！

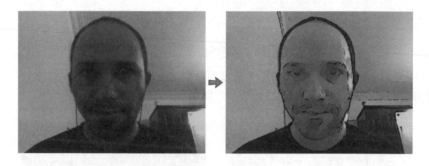

請注意，我們已經使皮膚看起來是綠色，但也變得更明亮（看起來像一個外星人在黑暗中發光）。如果你只是想「改變膚色」而不想讓它變得更亮，你可以使用其他的顏色改變方法，例如將綠色增加 70，同時將紅色和藍色減少 70，或者使用 cvtColor(src, dst，"CV_BGR2HSV_FULL") 將其轉換為 HSV 色彩空間，並調整色調和飽和度。

▌減少素描影像中的隨機椒鹽噪聲

智慧型手機上的多數微型相機、RPi 相機模組和一些 webcam，都有明顯的影像雜訊（image noise）。這通常是可以接受的，但它對我們的 5x5 Laplacian 邊緣濾波器有很大的影響。邊緣遮罩（如草稿圖模式所示）通常會有數千個被稱為**椒鹽噪聲（pepper noise）**的黑色圖元小點，由白色背景中「相鄰的幾個黑色圖元」組成。我們已經使用了中位數濾波器（Median filter），它通常強大到足以「去除」椒鹽噪聲，但在我們的案例下，它可能還不夠強大。我們的邊緣遮罩大部分是純白色的背景（值 255），有一些黑色的邊緣（值 0）和雜訊點（值也是 0）。我們可以使用一個標準的「閉合形態運算子」，但是它會移除很多邊緣。因此，我們將應用一個客製化的濾波器，刪除被白色圖元完全包圍的黑色小區域。這將消除大量的噪音，同時對實際的邊緣幾乎沒有影響。

我們將掃描影像中的黑色圖元，在每個黑色圖元處，我們將檢查它周圍 5x5 的正方形邊界，看看是否「所有的 5x5 邊界圖元」都是白色的。如果它們都是白色的，那麼我們知道「我們找到了一個黑色雜訊的小島（island）」，所以我們用白色圖元「填充」整塊區域，來移除黑色的小島。爲了簡單起見，在我們的 5x5 濾波器中，我們將「忽略」影像周圍的兩個邊界圖元，讓它們保持原樣。

下圖左邊是 Android 平板電腦的原始影像，中間是草稿模式，顯示了椒鹽噪聲的小黑點，右邊是我們「去除」椒鹽噪聲的結果，皮膚看起來更乾淨了：

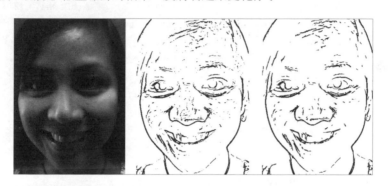

下面的程式碼可以簡單地命名爲 removePepperNoise() 函式，用來就地編輯影像：

```
void removePepperNoise(Mat &mask)
{
  for (int y=2; y<mask.rows-2; y++) {
    // Get access to each of the 5 rows near this pixel.
    uchar *pUp2 = mask.ptr(y-2);
    uchar *pUp1 = mask.ptr(y-1);
    uchar *pThis = mask.ptr(y);
    uchar *pDown1 = mask.ptr(y+1);
    uchar *pDown2 = mask.ptr(y+2);

    // Skip the first (and last) 2 pixels on each row.
    pThis += 2;
    pUp1 += 2;
    pUp2 += 2;
    pDown1 += 2;
    pDown2 += 2;
    for (int x=2; x<mask.cols-2; x++) {
      uchar value = *pThis; // Get pixel value (0 or 255).
```

```
// Check if it's a black pixel surrounded bywhite
// pixels (ie: whether it is an "island" of black).
if (value == 0) {
  bool above, left, below, right, surroundings;
  above = *(pUp2 - 2) && *(pUp2 - 1) && *(pUp2) &&
  *(pUp2 + 1) && *(pUp2 + 2);
  left = *(pUp1 - 2) && *(pThis - 2) && *(pDown1 - 2);
  below = *(pDown2 - 2) && *(pDown2 - 1) && *(pDown2)
    &&*(pDown2 + 1) && *(pDown2 + 2);
  right = *(pUp1 + 2) && *(pThis + 2) && *(pDown1 + 2);
  surroundings = above && left && below && right;
  if (surroundings == true) {
      // Fill the whole 5x5 block as white. Since we
      // knowthe 5x5 borders are already white, we just
      // need tofill the 3x3 inner region.
      *(pUp1 - 1) = 255;
      *(pUp1 + 0) = 255;
      *(pUp1 + 1) = 255;
      *(pThis - 1) = 255;
      *(pThis + 0) = 255;
      *(pThis + 1) = 255;
      *(pDown1 - 1) = 255;
      *(pDown1 + 0) = 255;
      *(pDown1 + 1) = 255;
      // Since we just covered the whole 5x5 block with
      // white, we know the next 2 pixels won't be
      // black,so skip the next 2 pixels on the right.
      pThis += 2;
      pUp1 += 2;
      pUp2 += 2;
      pDown1 += 2;
      pDown2 += 2;
  }
}
// Move to the next pixel on the right.
pThis++;
pUp1++;
pUp2++;
pDown1++;
pDown2++;
```

```
            }
        }
    }
```

這就是全部了！試著以不同的模式執行應用程式，直到你準備好「將它移植到嵌入式」！

從桌面移植到嵌入式

既然現在這個程式可以在桌面上執行了，我們可以用它來做一個嵌入式系統。這裡提供的詳細資訊雖然是針對樹莓派的，但是在其他嵌入式 Linux 系統上開發時（如 BeagleBone、ODROID、Olimex、Jetson 等），類似的步驟也同樣適用。

要在嵌入式系統上執行我們的程式碼，有幾個不同的選項，每個選項在不同的情境中都有一些優點和缺點。

編譯嵌入式裝置的程式碼有兩種常用方法：

1. 將原始碼從桌面複製到裝置上，並在裝置上直接編譯它。這通常稱為**原生編譯**（**native compilation**），因為我們是在最終執行程式碼的同一系統上「原生地」（natively）編譯程式碼。

2. 在桌面上編譯所有程式碼，但使用「特殊方法」為裝置產生程式碼，然後將最終的可執行程式複製到裝置上。這通常稱為**交叉編譯**（**cross-compilation**），因為你需要一個「能替其他類型的 CPU 產生程式碼」的「特殊編譯器」。

交叉編譯的設置通常比原生編譯難上許多，尤其是當你使用了很多共用函式庫時，但是由於桌面通常比嵌入式裝置快得多，因此「在編譯大型專案時」交叉編譯通常也比較快。如果你預期會編譯專案數百次，工作好幾個月，而你的裝置和桌面相比之下卻非常緩慢，例如：樹莓派 1 或樹莓派 Zero，那麼交叉編譯會是一個好主意。但是在大多數的情況下，特別是對於「小型的簡單專案」而言，你應該繼續使用原生編譯，因為它比較容易。

注意，專案使用的所有函式庫也需要針對裝置進行編譯，因此你需要針對裝置編譯 OpenCV。在樹莓派 1 上「原生地」編譯 OpenCV 可能需要幾個小時，而在桌面交叉編譯 OpenCV 可能只需要 15 分鐘。但是你通常只需要編譯一次 OpenCV，然後你的所有專案都可以使用它，所以在大多數的情況下，維持專案的原生編譯（包括原生編譯 OpenCV）仍然相當值得。

針對如何在嵌入式系統上執行程式碼,也有幾個選項:

- 使用與桌面相同的輸入和輸出方法,例如,以相同的「影片檔」、「USB webcam」或「鍵盤」作為輸入,並在 HDMI 監視器上顯示「文字」或「圖形」,就跟你在桌面上的作法一樣。

- 使用特殊裝置進行輸入和輸出。例如,你不必坐在桌子前「用 USB webcam 和鍵盤作為輸入,並用桌面顯示器顯示輸出」,你可以「用特殊的樹莓派相機模組作為影片輸入」、「用客製化的 GPIO 按鈕或感測器進行輸入」、再「用一個 7 吋 MIPI DSI 螢幕或 GPIO LED 燈作為輸出」,然後「以普通的**可攜式 USB 充電器**(portable USB charger)驅動它們全部」。你將可以把「整個電腦平台」放在你的背包裡,甚至附加在你的自行車上!

- 另一種選擇是將資料從嵌入式裝置「串流輸出或輸入」到其他電腦,甚至使用一台裝置「串流輸出」相機資料,而另一台裝置則「使用」這些資料。例如,你可以使用「Gstreamer 框架」設置樹莓派,讓它從相機模組(Camera Module)串流「H.264 壓縮影像」到乙太網路(Ethernet network)或 Wi-Fi。如此一來,在區域網路上的「強大個人電腦或伺服器機櫃」,或「Amazon AWS 雲端運算服務」,將能在別的地方處理影片串流。這種方法允許我們在「必須仰賴其它地方大量運算資源」的複雜專案之中,使用小型而廉價的攝影裝置。

如果你希望在裝置上執行電腦視覺,請注意一些像是「樹莓派 1、樹莓派 Zero 和 BeagleBone Black」等等的「低成本嵌入式裝置」,其計算能力將比桌面、甚至比廉價的筆記型電腦或智慧型手機要「慢」很多,也許會比你的桌面慢上 10 到 50 倍。因此,根據你的應用程式,你可能會需要一台強大的嵌入式裝置,或如前所述地將影片串流到一台單獨的電腦。如果你不需要太多計算能力(例如,你只需要每 2 秒處理一幀,或你只需要 160x120 的影像解析度),那麼在樹莓派 Zero 上執行一些電腦視覺的速度可能足以滿足你的需求。但許多電腦視覺系統需要「遠多於此」的計算能力,所以如果你想在裝置上執行電腦視覺,你會想使用快上許多的裝置,像是包含 2 GHz 左右的 CPU,例如:樹莓派 3、ODROID-XU4 或 Jetson TK1。

▌用於開發嵌入式裝置程式碼的設置

一開始，我們讓事情越簡單越好：像桌面系統一樣使用 USB 鍵盤、滑鼠和 HDMI 監視器，在裝置上原生地編譯程式碼，並在裝置上執行程式碼。我們的第一步是將程式碼複製到裝置上，安裝建置工具，並在嵌入式系統上編譯 OpenCV 和原始碼。

許多「嵌入式裝置」，如樹莓派，都有一個 HDMI 埠和至少一個 USB 埠。因此，開始使用嵌入式裝置「最簡單的方法」是為該裝置插入 HDMI 顯示器、USB 鍵盤和滑鼠，用來「配置設定」並「查看輸出」，同時使用桌上型電腦進行程式碼「開發」和「測試」。如果你有一台備用的 HDMI 顯示器，把它插到裝置上，但是如果你沒有備用的 HDMI 顯示器，你可以考慮為你的嵌入式裝置買一台專用的「小型 HDMI 螢幕」。

此外，如果你沒有備用的 USB 鍵盤和滑鼠，你可以考慮購買「搭配單一 USB 無線傳輸器」的無線鍵盤和滑鼠，這樣你的鍵盤和滑鼠將只佔用一個 USB 埠。許多嵌入式裝置使用 5V 電源，但它們需要的電源（電流）通常比桌上型電腦或筆記型電腦的 USB 埠所能提供的還要多。因此，你應該準備一個「獨立的」5V USB 充電器（至少 1.5 安培，**最好是 2.5 安培**），或一個可以提供「至少 1.5 安培輸出電流」的可攜式 USB 電池充電器。多數時候你的裝置可能只使用 0.5 安培，但它偶爾會需要超過 1 安培，所以使用一個「額定至少 1.5 安培以上的電源」是很重要的，否則你的裝置可能偶爾會重新啟動，或一些硬體可能在重要的時刻有奇怪的行為，或者檔案系統可能損毀，讓你的檔案遺失！如果你不使用相機或其它配件，1 安培的電源可能足夠，但 2.0 到 2.5 安培將更加安全。

例如，下面的照片顯示一個簡便的設置，含有樹莓派 3、一張 10 美元的高品質 8GB micro-SD 卡（http://ebay.to/2ayp6Bo）、30 到 45 美元的 5 吋 HDMI 電阻式觸控螢幕（http://bit.ly/2aHQO2G）、30 美元的無線 USB 鍵盤和滑鼠（http://ebay.to/2aN2oXi）、5 美元的 **5V 2.5A** 電源（http://ebay.to/2aCBLVK）、一台 USB webcam，像是速度極快的 **PS3 Eye** 也只要 5 美元（http://ebay.to/2aVWCUS）、15 到 30 美元的樹莓派相機模組 v1 或 v2（http://bit.ly/2aF9PxD），還有 2 美元的網路線（http://ebay.to/2aznnjd），能將「樹莓派」與「開發用 PC 或筆記型電腦」連接到同一個區域網路上。請注意，這個 HDMI 螢幕是專門為樹莓派設計的，因為螢幕是直接插入下方的樹莓派，還有一個「公對公 HDMI 轉接器」給樹莓派使用（如圖右所示），所以你不需要 HDMI 傳輸線，而其他螢幕可能會需要 HDMI 傳輸線（http://ebay.to/2aW4Fko）或 MIPI DSI/SPI 傳輸線。另外需要注意的是，有些螢幕和觸控面板需要經過設置才能使用，而大多數 HDMI 螢幕應該不需任何設置就可以使用：

注意圖中黑色的 USB webcam（LCD 的最左邊）、樹莓派相機模組（LCD 左上角的綠色和黑色板子）、樹莓派板（LCD 下方）、HDMI 轉接器（連接 LCD 和下方的樹莓派）、藍色的網路線（插入路由器）、一個小 USB 無線鍵盤和滑鼠傳輸器，和一個 micro-USB 電源傳輸線（插入 **5V 2.5A** 電源）。

▍設置一台新的樹莓派

下面的步驟是針對樹莓派的（也稱為 **RPi**），所以如果你正在使用「不同的嵌入式裝置」，或你想要不同類型的設置，請上網搜索一下如何設置你的板子。若要設置 RPi 1、2 或 3（包含它們的變體，例如：RPi Zero、RPi2B、3B 等等，或是插入 USB 網卡的 RPi 1A+）：

1. 買一張至少 8GB、接近全新的**優質** micro-SD 卡。如果你使用一張便宜的 micro-SD 卡，或已經使用許多次、品質退化的老舊 micro-SD 卡，它在 RPi 啟動時可能不夠可靠。所以如果你在 RPi 開機時遇到麻煩，你應該試試一張品質好的 Class 10 micro-SD 卡（例如：SanDisk Ultra 或更好的），標示它有至少 45 MB/s 的傳輸速度，或可以處理 4K 的影片。

2. 下載並燒錄（burn）「最新的 **Raspbian IMG**」（而非 NOOBS）到 micro-SD 卡上。請注意，「燒錄 IMG 檔」與「簡單地將檔案複製到 SD 卡」是**不同**的。請前往 https://www.raspberrypi.org/documentation/installation/installing-images/，並按照「針對你桌面作業系統的說明」將 Raspbian 燒錄到 micro-SD 卡上。請注意，你將「失去」以前儲存在卡片上的所有檔案。

3. 將USB鍵盤、滑鼠和HDMI顯示器插入RPi，這樣你就可以輕鬆地執行一些命令並查看輸出。

4. 將RPi插入至少1.5A的5V USB電源，最好是2.5A或更高。電腦USB埠的電源是不夠的。

5. 在啟動 Raspbian Linux 時，你會看到好幾頁的文字在滾動，1到2分鐘後應該就準備好了。

6. 如果在啟動之後，螢幕只顯示一個黑色控制台和一些文字（例如，如果你下載了 **Raspbian Lite**），代表你處於「純文字登錄提示」（text-only login prompt）。輸入 pi 作為使用者名稱進行登錄，然後按 Enter，然後輸入 raspberry 作為密碼，並再按一次 Enter。

7. 或者，如果它啟動了圖形顯示（graphical display），按一下頂端的黑色**終端機**（**Terminal**）圖示來打開 shell（即命令提示字元，Command Prompt）。

8. 在你的RPi初始化一些設置：

- 輸入 sudo raspi-config 並按 Enter（請參考下面的螢幕截圖）。

- 首先，執行 **Expand Filesystem**，然後完成，並將裝置重開機，這樣樹莓派就可以使用整個 micro-SD 卡。

- 如果你使用普通（美國）鍵盤，而不是英國鍵盤，請在國際化選項中（Internationalization Options），切換到「通用104鍵鍵盤，其他，英語」（Generic 104-key keyboard, Other, English (US)），然後除非你使用的是特殊鍵盤，否則對於 AltGr 和類似的問題只要按 Enter 就好。

- 在「啟用相機」（Enable Camera）中，啟用 RPi 相機模組（RPi Camera Module）。

- 在「超頻選項」（Overclock Options）中，設置為 RPi2 或類似設置，這樣裝置的執行速度會更快（但會產生更多熱能）。

- 在「進階選項」中（Advanced Options），啟用 SSH 伺服器。

- 在進階選項中，如果你使用的是樹莓派2或3，**請將記憶體拆分為256MB（change Memory Split to 256MB）**，這樣 GPU 就有足夠的 RAM 來進行影片處理。針對樹莓派1或0，使用 64 MB 或預設值。

- 完成後，將裝置重新開機。

9. （可自行選擇）刪除 Wolfram，為你的 SD 卡節省 600MB 的空間：

```
sudo apt-get purge -y wolfram-engine
```

它可以使用 `sudo apt-get install wolfram-engine` 安裝回來

要查看 SD 卡上的剩餘空間，請執行 `df -h | head -2`

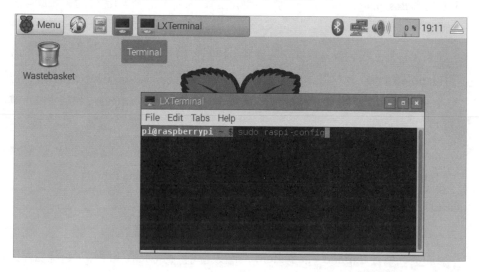

10. 假設你已經將 RPi 插入網路路由器，那麼它應該已經能夠存取網際網路。因此，請將 RPi 更新到最新的 RPi 韌體、軟體位置、作業系統和軟體。**警告**：許多樹莓派教學說你應該執行 `sudo rpi-update`；然而，近年來，執行 `rpi-update` 不再是一個好主意，因為它會使你的系統或韌體不穩定。以下說明將更新你的樹莓派，使其具有「穩定的軟體和韌體」（請注意，這些命令可能需要至多 1 個小時）：

```
sudo apt-get -y update
sudo apt-get -y upgrade
sudo apt-get -y dist-upgrade
sudo reboot
```

11. 查詢裝置的 IP 位址：

```
hostname -I
```

12. 嘗試從桌面存取裝置。

例如，假設裝置的 IP 位址是 192.168.2.101。

在 Linux 桌面上：

```
ssh-X pi92.168.2.101
```

或在 Windows 桌面：

- 下載、安裝並執行 PuTTY
- 然後在 PuTTY 中，連接到 IP 位址（192.168.2.101），
- 以使用者 pi 密碼 raspberry 進行連線

13.（可自行選擇）如果你希望「命令提示字元」的顏色與指令不同，並在每個指令後顯示「錯誤訊息」：

```
nano ~/.bashrc
```

在最下面加上這一行：

```
PS1="[e[0;44m]u@h: w ($?) $[e[0m] "
```

儲存檔案（按 Ctrl + X，然後按 Y，然後按 Enter）。

開始使用新的設置：

```
source ~/.bashrc
```

14. 要關閉 Raspbian 的「螢幕保護裝置」或「螢幕空白省電功能」，使它們不會在閒置狀態下關閉螢幕：

```
sudo nano /etc/lightdm/lightdm.conf
```

- 搜尋一行程式碼：#xserver-command=X（按 Alt + G 然後輸入 87，並按 Enter，直接跳到第 87 行）
- 將其更改為：xserver-command=X -s 0 dpms
- 儲存檔案（按 Ctrl + X，然後按 Y，然後按 Enter）

```
sudo reboot
```

你現在應該準備好在裝置上進行開發了！

▌在嵌入式裝置上安裝 OpenCV

要在樹莓派這類「以 Debian 爲基礎的嵌入式裝置上」安裝 OpenCV 和它所有相依性，有一個非常簡單的方法：

```
sudo apt-get install libopencv-dev
```

然而，這可能會安裝 1、2 年前的舊版本 OpenCV。

要在樹莓派等嵌入式裝置上安裝最新版本的 OpenCV，我們需要從原始碼建置 OpenCV。我們首先安裝編譯器和建置系統，然後是 OpenCV 需要的函式庫，最後才是 OpenCV 本身。請注意，不論你是爲「桌面」或「嵌入式」編譯，在 Linux 上編譯 OpenCV 原始碼的步驟都是相同的。本書提供了一個 Linux 腳本（script）：install_opencv_from_source. sh；建議你將該檔案複製到樹莓派上（例如，使用 USB 隨身碟），並執行腳本來下載、建置和安裝「擁有多核心 CPU 和 **ARM NEON SIMD** 最佳化可能性」的 OpenCV（取決於硬體支援）：

```
chmod +x install_opencv_from_source.sh
./install_opencv_from_source.sh
```

如果出現任何錯誤，腳本將中止；例如，如果無法存取網際網路，或者有相依性套件與其它已經安裝好的套件「衝突」。如果腳本在出現錯誤後中止，請嘗試使用網路上的資訊來解決該錯誤，然後再次執行腳本。腳本將快速檢查前面的所有步驟，然後從上次完成的地方繼續。請注意，根據你的硬體和軟體，這將花費 20 分鐘到 12 個小時！

強烈建議每次安裝 OpenCV 後，建置並執行一些 OpenCV 範例，這樣當你在建置自己的程式碼遇到問題時，至少你將知道問題是「屬於 OpenCV 安裝」還是「你的程式碼」。

讓我們嘗試建置簡單的 *edge* 範例程式。如果我們「使用相同的 Linux 命令」從 OpenCV 2 建置它，我們會得到一個建置錯誤：

```
cd ~/opencv-3.*/samples/cpp
g++ edge.cpp -lopencv_core -lopencv_imgproc -lopencv_highgui
-o edge
/usr/bin/ld: /tmp/ccDqLWSz.o: undefined reference to symbol
'_ZN2cv6imreadERKNS_6StringEi'
/usr/local/lib/libopencv_imgcodecs.so.3.1: error adding symbols: DSO
```

```
missing from command line
collect2: error: ld returned 1 exit status
```

錯誤訊息的第二行到最後一行告訴我們，命令列中缺少一個函式庫，因此我們只需要在命令中，將 -lopencv_imgcodecs 添加到「我們所連結的其他 OpenCV 函式庫」旁邊。現在你知道「在編譯 OpenCV 3 程式，並看到這則錯誤訊息時」，該如何修復這個問題。讓我們正確地執行：

```
cd ~/opencv-3.*/samples/cpp
g++ edge.cpp -lopencv_core -lopencv_imgproc -lopencv_highgui
-lopencv_imgcodecs -o edge
```

它成功了！現在你可以執行這個程式：

```
./edge
```

可以按鍵盤上的 Ctrl + C 來退出程式。注意，如果你嘗試在 SSH 終端中執行該命令，而你沒有將視窗重定向（redirect）到裝置的 LCD 螢幕上，*edge* 程式可能會崩潰（crash）。因此，如果你使用 SSH 遠端執行程式，請在命令之前添加 DISPLAY=:0：

```
DISPLAY=:0 ./edge
```

你也應該把 USB webcam 插入裝置，並測試它是否正常運作：

```
g++ starter_video.cpp -lopencv_core -lopencv_imgproc
-lopencv_highgui -lopencv_imgcodecs -lopencv_videoio \
-o starter_video
DISPLAY=:0 ./starter_video 0
```

注意：如果你沒有 USB webcam，你可以用一個影片檔來測試：

```
DISPLAY=:0 ./starter_video ../data/768x576.avi
```

既然現在 OpenCV 已經成功安裝在你的裝置上，你可以執行我們之前開發的卡通化應用程式。將 Cartoonifier 資料夾複製到裝置上（例如，使用 USB 隨身碟，或使用 scp 透過網路複製檔案）。然後建置程式碼，就跟你在桌面上做的一樣：

```
cd ~/Cartoonifier
export OpenCV_DIR="~/opencv-3.1.0/build"
```

```
mkdir build
cd build
cmake -D OpenCV_DIR=$OpenCV_DIR ..
make
```

並執行：

```
DISPLAY=:0 ./Cartoonifier
```

使用樹莓派相機模組

雖然在樹莓派上使用 USB webcam 可以「很方便地」在桌面和嵌入式裝置上「支援」完全相同的行為和程式碼，但你可能會考慮使用官方的樹莓派相機模組之一（Raspberry Pi Camera Modules，簡稱 **RPi Cams**）。與 USB 網路相機相比，它們有一些優點和缺點。

RPi Cams 採用了特殊的 MIPI CSI 相機格式，專為智慧手機相機所設計，並可以降低耗電量。與 USB 相比，它們具有更小的物理尺寸、更快的頻寬、更高的解析度、更高的幀率，以及更少的延遲。大多數 USB 2.0 webcam 只能提供 640x480 或 1280x720 30FPS 的影片，因為 USB 2.0 太慢了（除了一些可以執行「onboard 視訊壓縮」的「昂貴 USB webcam」之外），而 USB 3.0 仍然太貴。然而，智慧型手機相機（包括 RPi Cams）通常可以提供

1920x1080 30FPS 甚至 Ultra HD/4K 的解析度。RPi Cam v1 實際上可以提供 2592x1944 15FPS 或 1920x1080 30FPS 的影片，即使是在一張 5 美元的樹莓派 Zero 上。這都要感謝樹莓派使用了 MIPI CSI 做為相機，並配備了相容的影片處理 ISP 和 GPU 硬體。RPi Cams 還支援 90FPS 模式下的 640x480（例如慢動作捕捉），這對於即時電腦視覺非常有用，因為你可以在每幀中看到非常小的動作，而不是很難分析的大動作。

然而，RPi Cam 是一種平面電路板，它對電子干擾、靜電或物理性損傷**非常敏感**（僅僅用手指觸摸橙色小排線，就會對影片造成干擾，甚至永久性地損壞相機！）白色大排線的敏感度雖然要低得多，但對電噪或物理性損傷仍然非常敏感。RPi Cam 帶有一條非常短的 15cm 傳輸線。雖然可以在 eBay 上購買長度在 5cm 至 1m 之間的第三方傳輸線，但 50cm 以上的傳輸線較不可靠。另一方面，USB webcam 可以使用 2m 至 5m 的傳輸線，還可以插入「USB 集線器」或「主動式延長線」來支援更長的距離。

目前有幾個不同的 RPi Cam 模型，其中 NoIR 版本是沒有內建紅外線濾波器的；因此，NoIR 相機在黑暗中也可以輕易的看見（如果你有一個不可見的紅外線光源），而它看到的「紅外線雷射或信號」遠比「擁有紅外線濾波器的普通相機」更清晰。RPi Cam 也有兩個不同的版本：RPi Cam v1.3 和 RPi Cam v2.1，其中 v2.1 使用一個更廣角的鏡頭，搭配 Sony 800 萬畫素感測器，而不是 500 萬畫素 **OmniVision** 感測器，對低照明條件下的運動支援更佳，並且添加支援「3240x2464 15FPS 影片」和「可能高達 120FPS 的 720p 影片」。然而，USB webcam 有數千種不同的形狀和版本，這使得尋找像是防水或工業用等「特別的 webcam」相當容易，而不用為了 RPi Cam 建立自己的客製化外殼。

IP cam 也是相機介面的另一種選擇，搭配樹莓派的話，可以支援 1080p 或更高解析度的影片，而且 IP cam 支援的不只是很長的傳輸線，而是可以在世界上任何地方透過網際網路來傳輸。但 IP cam 和 OpenCV 間的介接（interface）不像 USB webcam 或 RPi Cam 那麼容易。

在過去，「RPi Cams 與其官方驅動程式」和「OpenCV」並不直接相容；你經常會需要使用客製化驅動程式並修改你的程式碼，以便從 RPi Cam 之中擷取幀。但現在我們可以在 OpenCV 中，用和 USB webcam 完全一樣的方式來存取 RPi Cam！感謝「v4l2 驅動程式」最近的改進，一旦你載入「v4l2 驅動程式」，RPi Cam 將顯示為 /dev/video0 或 /dev/video1 檔案，就像一台普通的 USB webcam。所以像 cv::VideoCapture(0) 這樣的「傳統 OpenCV webcam 程式碼」將能夠像使用 webcam 一樣使用它。

安裝樹莓派相機模組驅動程式

首先，讓我們暫時為 RPi Cam 載入「v4l2 驅動程式」，以確保我們的相機插入正確：

```
sudo modprobe bcm2835-v4l2
```

如果命令失敗（如果它在控制台列印錯誤訊息，或者它被凍結，或者命令返回一個 0 以外的數字），那麼你的相機可能沒有正確地插入。關機，然後從 RPi 上移除電源，接著再次嘗試連接白色排線（the flat white cable），查看網路上的照片，以確保「插頭」插在正確的位置。如果位置正確，有可能「在關閉 RPi 上的鎖定片之前」排線沒有完全插入。也可以使用 sudoraspi-config 命令檢查在前面設置樹莓派時，是否忘記按下 **Enable Camera**。

如果命令成功（如果命令返回 0，並且沒有在控制台列印錯誤），接著我們可以確保 RPi Cam 的「v4l2 驅動程式」總是在啟動時載入，藉由將以下命令加到 /etc/modules 檔的底部：

```
sudo nano /etc/modules
# Load the Raspberry Pi Camera Module v4l2 driver on bootup:
bcm2835-v4l2
```

儲存檔案並重新啟動 RPi 之後，你應該可以執行 ls /dev/video* 來查看 RPi 上可用的相機列表。如果 RPi Cam 是插入你的板子上的唯一相機，你應該可以看到它作為預設相機（/dev/video0），或者如果你也有插入 USB webcam，那麼它將是 /dev/video0 或 /dev/video1。

讓我們用前面編譯的 starter_video 範例程式來測試 RPi Cam：

```
cd ~/opencv-3.*/samples/cpp
DISPLAY=:0 ./starter_video 0
```

如果它顯示的相機錯誤，請嘗試 DISPLAY=:0 ./starter_video 1。

既然我們已經知道 RPi Cam 在 OpenCV 中正常運作，接著讓我們試試卡通化：

```
cd ~/Cartoonifier
DISPLAY=:0 ./Cartoonifier 0
```

或以 DISPLAY=:0 ./Cartoonifier 1 使用另一台相機。

使卡通化器全螢幕執行

在嵌入式系統中,你常會希望應用程式是全螢幕的,並隱藏 Linux GUI 和選單。OpenCV 提供了一個簡單的方法來設置「全螢幕視窗屬性」,但要確保你使用 NORMAL 旗標來建立視窗:

```
// Create a fullscreen GUI window for display on the screen.
namedWindow(windowName, WINDOW_NORMAL);
setWindowProperty(windowName, WND_PROP_FULLSCREEN,
CV_WINDOW_FULLSCREEN);
```

隱藏滑鼠游標

你可能會發現,即使你不想在嵌入式系統中使用滑鼠,滑鼠游標也會顯示在視窗上。要隱藏滑鼠游標,可以使用 xdotool 命令將其移動到「右下角像素處」,這樣它就不會那麼顯眼,而如果你偶爾想插入滑鼠來進行裝置除錯,它仍然可以使用。安裝 xdotool 並建立一個簡短的 Linux 腳本來執行它和卡通化器:

```
sudo apt-get install -y xdotool
cd ~/Cartoonifier/build
nano runCartoonifier.sh
#!/bin/sh
# Move the mouse cursor to the screen's bottom-right pixel.
xdotoolmousemove 3000 3000
# Run Cartoonifier with any arguments given.
/home/pi/Cartoonifier/build/Cartoonifier "$@"
```

最後,讓你的腳本可以執行:

```
chmod +x runCartoonifier.sh
```

試著執行你的腳本,以確保它正常運作:

```
DISPLAY=:0 ./runCartoonifier.sh
```

啟動後自動執行卡通化器

通常在建造嵌入式裝置時，你會希望應用程式在裝置啟動後「自動執行」，而不是要求使用者「手動執行」應用程式。要在裝置完全啟動並登錄到圖形桌面後「自動執行」我們的應用程式，請建立一個 autostart 資料夾，其中有一個檔案，內容包含腳本或應用程式的完整路徑：

```
mkdir ~/.config/autostart
nano ~/.config/autostart/Cartoonifier.desktop
        [Desktop Entry]
        Type=Application
        Exec=/home/pi/Cartoonifier/build/runCartoonifier.sh
        X-GNOME-Autostart-enabled=true
```

現在，每當你啟動裝置或重新開機，卡通化器將自動執行！

桌面與嵌入式卡通化器的速度比較

你將會發現，樹莓派上的程式碼執行速度比你的桌面要「慢」得多！目前，讓它執行得更快的「兩種最簡單的方法」是「使用更快的裝置」或「使用更小的相機解析度」。下表顯示了一些幀率（frame rates），即**每秒幀數（Frames per Seconds，FPS）**，包含了桌面、RPi 1、RPi 2、RPi 3 以及 Jetson TK1 上的卡通化器 *Sketch* 和 *Paint* 模式。請注意，這些速度沒有經過任何客製最佳化，且只在單一 CPU 核心上執行，而時間計算則包含了「將影像渲染到螢幕上的時間」。這裡使用的 USB webcam 是快速 PS3 Eye webcam，以 640x480 執行，因為它是市場上最快的低成本 webcam。

值得一提的是，卡通化器只使用單一 CPU 核心，但是所有列出的裝置都有四個 CPU 核心（除了 RPi 1，它只有單核心），而且很多 x86 電腦都有超執行緒（hyperthreading），可以提供大約八個 CPU 核心。因此，如果你將程式碼編寫成能夠有效利用多個 CPU 核心（或GPU），那麼速度可能比下圖的單執行緒快 1.5 到 3 倍：

電腦	Sketch 模式	Paint 模式
Intel Core i7 PC	20 FPS	2.7 FPS
Jetson TK1ARM CPU	16 FPS	2.3 FPS
樹莓派 3	4.3 FPS	0.32 FPS (3 秒 / 幀)
樹莓派 2	3.2 FPS	0.28 FPS (4 秒 / 幀)

電腦	Sketch 模式	Paint 模式
樹莓派 Zero	2.5 FPS	0.21 FPS (5 秒 / 幀)
樹莓派 1	1.9 FPS	0.12 FPS (8 秒 / 幀)

你會發現樹莓派在執行程式碼時的速度非常「慢」，尤其是在 *Paint* 模式時，因此我們將嘗試簡單地改變「相機」和「相機的解析度」。

改變相機和相機解析度

下表顯示了在樹莓派 2 上使用「不同類型的相機」和「不同相機解析度」時，*Sketch* 模式的速度對比：

硬體	640x480 解析度	320x240 解析度
RPi 2 搭配 RPi Cam	3.8 FPS	12.9 FPS
RPi 2 搭配 PS3 Eye webcam	3.2 FPS	11.7 FPS
RPi 2 搭配 雜牌 webcam	1.8 FPS	7.4 FPS

正如你所看到的，在 320x240 中使用 RPi Cam 時，我們似乎有個不錯的方案來找點樂子，即使它不是我們希望的 20 到 30 FPS 範圍。

在桌面系統和嵌入式系統上執行卡通化器的耗電量

我們已經看到各種嵌入式裝置大多比桌面裝置「慢」，從大約比桌面慢 20 倍的 RPi 1，到大約比桌面慢 1.5 倍的 Jetson TK1。但對於某些任務，低速執行是可以接受的，如果這代表「電池的耗電量」也會顯著降低，從而允許使用小電池，或者伺服器的全年電力成本降低，或產生較低的熱能。

樹莓派即使在相同的處理器上也有不同的型號，例如樹莓派 1B、Zero 和 1A+，它們的執行速度相似，但功耗差距很大。像 RPi Cam 這樣的 MIPI CSI 相機也比 webcam 耗電量更低。下表顯示了「不同硬體」執行「相同的卡通化器程式碼」時「使用了多少電能」。樹莓派的功率量測使用的是如下圖所示的「簡易 USB 電流監視器」（例如 5 美元的 J7-T Safety Tester：http://bit.ly/2aSZa6H ），而其它裝置則使用 DMM 三用電錶：

閒置功率（**Idle Power**）測量的是「電腦在運作中，但沒有執行任何主要應用程式時」的功率，而**卡通化器功率（Cartoonifier Power）**是測量卡通化器「執行時」的功率。**效能（Efficiency）**則是在 640x480 *Sketch* 模式下，卡通化器的功率或卡通化器的速度。

硬體	閒置功率	卡通化器功率	效能
RPi Zero 搭配 PS3 Eye	1.2 瓦	1.8 瓦	1.4 幀 / 每瓦
RPi 1A+ 搭配 PS3 Eye	**1.1 瓦**	**1.5 瓦**	1.1 幀 / 每瓦
RPi 1B 搭配 PS3 Eye	2.4 瓦	3.2 瓦	0.5 幀 / 每瓦
RPi 2B 搭配 PS3 Eye	1.8 瓦	2.2 瓦	1.4 幀 / 每瓦
RPi 3B 搭配 PS3 Eye	2.0 瓦	2.5 瓦	1.7 幀 / 每瓦
Jetson TK1 搭配 PS3 Eye	2.8 瓦	4.3 瓦	**3.7 幀 / 每瓦**
Core i7 筆電 搭配 PS3 Eye	14.0 瓦	39.0 瓦	0.5 幀 / 每瓦

我們可以看到 RPi 1A+ 使用的「功率」最小，但「用電效能」最佳的選項是 Jetson TK1 和樹莓派 3B。有趣的是，最初的樹莓派（RPi1B） 效能與 x86 筆記型電腦差不多。之後的所有樹莓派都明顯比原始的（RPi 1B）更節能。

 免責聲明：作者是生產 Jetson TK1 的 NVIDIA 前雇員，但研究結果和結論被認為是可信的。

讓我們也看看使用樹莓派搭配不同相機時的耗電量：

硬體	閒置功率	卡通化器功率	效能
RPi Zero 搭配 PS3 Eye	1.2 瓦	1.8 瓦	1.4 幀 / 每瓦
RPi Zero 搭配 RPi Cam v1.3	0.6 瓦	1.5 瓦	2.1 幀 / 每瓦
RPi Zero 搭配 RPi Cam v2.1	0.55 瓦	1.3 瓦	2.4 幀 / 每瓦

我們可以看到 RPi Cam v2.1 的用電效能比 RPi Cam v1.3 略高一些，並且比 USB webcam 高上許多。

從樹莓派串流影片到一台強大的電腦

幸好包括樹莓派在內的所有現代 ARM 裝置都「內建」了「硬體加速的視訊編碼器」，在嵌入式裝置上執行電腦視覺，有一個可行的替代方案：裝置只用來「擷取影片」並將它「即時傳輸」到 PC 或伺服器機櫃上。所有樹莓派型號都包含相同的視訊編碼器硬體，所以對於低成本、低功率的「可攜式視訊串流伺服器」來說，帶有 Pi Cam 的 RPi 1A+ 或 RPi Zero 是一個相當不錯的選擇。樹莓派 3 還增加了 Wi-Fi 功能來進一步提昇可攜性。

有很多方法可以從樹莓派上直播影片，比如使用官方的 RPi V4L2 相機驅動程式，讓 RPi 相機被當作是一台 webcam，然後使用 Gstreamer、liveMedia、netcat 或 VLC 在網路上直播影片。然而，這些方法通常會帶來 1、2 秒的延遲，且通常需要「客製化」OpenCV 客戶端程式碼，或學習如何有效地使用 Gstreamer。因此作為替代，下一節將示範如何使用名為 **UV4L** 的替代相機驅動程式，來執行「相機擷取」和「網路串流」：

1. 依照 http://www.linux-projects.org/uv4l/installation/ 的指示在樹莓派上安裝 UV4L：

```
curl  http://www.linux-projects.org/listing/uv4l_repo/lrkey.asc
sudo apt-key add -
sudo su
echo "# UV4L camera streaming repo:">> /etc/apt/sources.list
echo "deb http://www.linux-projects.
  org/listing/uv4l_repo/raspbian/jessie main">>
  /etc/apt/sources.list
exit
sudo apt-get update
sudo apt-get install uv4l uv4l-raspicam uv4l-server
```

2. （在 RPi 上）手動執行 UV4L 串流伺服器，檢查它是否正常運作：

```
        sudo killall uv4l
sudo LD_PRELOAD=/usr/lib/uv4l/uv4lext/armv6l/libuv4lext.so
uv4l -v7 -f --sched-rr --mem-lock --auto-video_nr
--driverraspicam --encoding mjpeg
--width 640 --height 480 --framerate15
```

3. 從你的桌面測試相機的網路串流：

   • 安裝 VLC Media Player。

   • **檔案（File）|開啟網路串流（Open Network Stream）|**前往 http://192.168.
     2.111:8080/stream/video.mjpeg。

   • 將 URL 設成你的樹莓派的 IP 位置。在樹莓派上執行 hostname -I 來查詢它的
     IP 位置。

4. 現在，讓 UV4L 伺服器在開機時自動執行：

```
sudo apt-get install uv4l-raspicam-extras
```

5. 在 uv4l-raspicam.conf 中編輯任何你想要的 UV4L 伺服器設置，例如解析度
   （resolution）和幀率（frame rate）：

```
sudo nano /etc/uv4l/uv4l-raspicam.conf
drop-bad-frames = yes
nopreview = yes
width = 640
height = 480
framerate = 24
sudo reboot
```

6. 現在我們可以要求 OpenCV 像 webcam 一樣地使用我們的網路串流。只要你的
   OpenCV 安裝可以使用「內建的 FFMPEG」，OpenCV 將能夠從「MJPEG 網路串流」
   擷取幀，就像是從一台 webcam 之中擷取：

```
./Cartoonifier http://192.168.2.101:8080/stream/video.mjpeg
```

你的樹莓派現在會使用 UV4L，將 640x480 24FPS 的「即時影像」傳輸到「正在執行
Sketch 模式卡通化器」的 PC 上，達到大約 19FPS（帶有 0.4 秒的延遲）。請注意，這幾乎
與直接在 PC 上使用 PS3 Eye webcam 的速度相同（20 FPS）！

也請留意，當你將影像串流到 OpenCV 時，它將無法設置相機解析度；你需要調整 UV4L 伺服器設置來「更改」相機解析度。還要留心的是，我們可以不串流 MJPEG，而是串流更低頻寬的 H.264 影像，但是有些電腦視覺演算法不能很好地處理 H.264 等視訊壓縮，因此相較於 H.264，MJPEG 會產生比較少的演算法問題。

 如果你同時安裝了官方的 RPi V4L2 驅動程式和 UV4L 驅動程式，那麼它們都可以作為相機 0 和 1 使用（裝置 /dev/video0 和 /dev/video1），但是你一次只能使用一個相機驅動程式。

客製化你的嵌入式系統！

現在你已經建立了一個完整的嵌入式卡通化器系統（a whole embedded Cartoonifier system），而且你已經瞭解了它的基本運作原理，以及哪個部分執行什麼功能，你應該將它「客製化」（customize）！使影像全螢幕、更改 GUI、或更改應用程式行為和工作流程、或更改卡通化器中的濾波器常數、或皮膚偵測器演算法，或使用你自己的專案點子取代卡通化器程式碼。或者將影像串流到雲端並在那裡進行處理！

你有很多方法可以改善皮膚偵測演算法，像是使用一個更複雜的皮膚偵測演算法（例如，使用近期許多 CVPR 或 ICCV 會議論文中「訓練好的高斯模型」：http://www.cvpapers.com），或將人臉偵測加入皮膚偵測器（詳見「第 6 章，使用 Eigenface 或 Fisherface 進行人臉辨識」的「人臉辨識」小節），使它去偵測使用者的臉，而不是要求使用者把他們的臉放在螢幕的中心。請小心，在某些裝置或高解析度相機上，人臉偵測可能需要好幾秒，因此它們在「當前的即時應用之中」可能有所限制。但是「嵌入式系統平台」每年都在變快，所以隨著時間的推移，這可能不是什麼問題。

最能有效「加速」嵌入式電腦視覺應用程式的方法是：盡可能徹底地降低相機的解析度（例如，將 500 萬畫素減少至 50 萬畫素）、盡量減少影像配置和釋放，並盡可能地減少影像格式的轉換。在某些情況下，可能會有一些最佳化的影像處理或數學函式庫，或最佳化 OpenCV 的版本，它們可能來自你的裝置的「CPU 供應商」（例如 Broadcom、NVIDIA Tegra、Texas Instruments OMAP 或 Samsung Exynos），或針對你的 CPU 家族（例如 ARM Cortex-A9）。

為了使客製化「嵌入式」和「桌面」影像處理程式碼更容易，本書附帶了 ImageUtils. cpp 和 ImageUtils.h，幫助你進行實驗。它們包括像是 printMatInfo() 這樣的函式，可

以列印關於 cv::Mat 物件的大量資訊，使得 OpenCV 除錯更加容易。還有一些計時用的巨集（timing macros），可以方便地在 C/C++ 程式碼中添加詳細的「計時統計資訊」。例如：

```
DECLARE_TIMING(myFilter);

void myImageFunction(Mat img) {
  printMatInfo(img, "input");
  START_TIMING(myFilter);
  bilateralFilter(img, ...);
  STOP_TIMING(myFilter);
  SHOW_TIMING(myFilter, "My Filter");
}
```

然後你將在控制台看到類似這樣的輸出內容：

```
input: 800w600h 3ch 8bpp, range[19,255][17,243][47,251]
My Filter: time: 213ms (ave=215ms min=197ms max=312ms,
  across 57 runs).
```

當你的 OpenCV 程式碼不像預期中那樣運作時，這是很有用的，特別是在「通常很難使用 IDE debugger」的嵌入式開發。

總結

這一章展示了幾種不同類型的「影像處理濾波器」，可用於產生各種卡通效果：從看起來像是鉛筆畫的「簡單草稿模式」、看起來像是彩色繪畫的「繪畫模式」，到將 Sketch 模式覆蓋在繪畫模式上好讓它看起來像卡通的「卡通模式」。本章還顯示了其他有趣的效果，比如大量增強噪點邊緣的「邪惡模式」，以及將臉部皮膚改變成亮綠色的「外星人模式」。

有許多商業智慧手機應用程式能在「使用者的臉上」執行類似的有趣效果，例如「卡通濾鏡」和「膚色轉換器」。也有專業工具使用類似的概念，例如試圖美化女性面孔的「肌膚平滑影片後製工具」（skin-smoothing video post-processing tools），平滑肌膚的同時，亦保持邊緣和非肌膚區域的「鋒利」，使女性的臉看起來更年輕。

本章展示了如何將應用程式從「桌面」移植到「嵌入式系統」，遵循推薦的指導原則，首先開發一個正常運作的桌面版本，然後將其移植到嵌入式系統，並建立一個適合嵌入式應用程式的使用者介面。影像處理程式碼在兩個專案之間共用，這樣讀者就可以修改「桌面應用程式」的卡通濾波器，並在嵌入式系統中輕鬆看到這些改變。

請記住，本書包含一個用於 Linux 的 OpenCV 安裝腳本，以及所有討論到的專案的完整原始碼。

2

使用 OpenCV 探索
運動恢復結構

在本章中，我們將探討**運動恢復結構**的概念（**Structure from Motion，SfM**）。或者更明確地描述：從運動中的相機「所拍攝的影像」擷取「幾何結構」，並使用「OpenCV 的 API」來幫助我們。首先，讓我們對相當廣泛的 SfM 實作方式設下限制：使用單一相機（通常稱爲**單目法，monocular approach**），並使用一組「離散且稀疏的幀」，而不是「連續的視訊串流」。這兩個限制將大幅簡化我們即將在接下來的頁面中草擬出來的系統，並幫助我們理解所有 SfM 方式的基本原理。爲了實作我們的方式，我們將跟隨 Hartley 和 Zisserman 的腳步（以下簡稱 H&Z），即他們的開創性著作《電腦視覺中的多視圖幾何》（Multiple View Geometry in Computer Vision）第 9 章到第 12 章的內容。

在本章中，我們將涵蓋以下內容：

- 運動恢復結構概念（Structure from Motion concepts）
- 從一對影像（a pair of images）估算相機的運動
- 重建場景
- 從多視圖重建
- 重建結果的改善

本章中我們將假定使用了一台事先校準過的相機。校準（Calibration）是電腦視覺中普遍存在的一種操作，在 OpenCV 命令列工具中有完善的支援，在前面的章節已經討論過。因此，我們將假定相機的**內部參數**（intrinsic parameters）被收錄於「K 矩陣」和「失真係數向量」，即校準程序的「輸出」之中。

為了在用詞上更加明確，從此刻開始，我們將用「相機」表示「場景中的一個視圖」（a single view of the scene），而不是拍攝影像的光學和硬體。相機在空間中具有 3D 位置（平移，translation）和 3D 視圖方向（方位，orientation）。通常，我們將之稱為 **6 自由度（Degree of Freedom，DOF）** 相機位姿，有時也稱為**外部參數**（extrinsic parameters）。因此，在兩台相機之間將有一個 3D 平移元素（在空間之中移動），和一個視圖方向的 3D 旋轉。

我們也將統一「場景（scene）、世界（world）、眞實（real）或 3D 之中」的「點」（point）的用詞，使它們同樣代表「存在於我們現實世界之中」的「點」。同樣的道理也適用於圖像或 2D 中的點，它們代表了某個眞實 3D 點在「當時當地」被投影到相機感測器上的「圖像座標」。

你會發現，本章的程式碼皆引用了《電腦視覺中的多視圖幾何》的標示，例如：// HZ 9.12，即代表該書第 9 章的第 12 個方程式。此外，文中將只包含程式碼摘錄；「完整的可執行程式碼」將包含在本書附帶的素材之中。

以下流程圖描述了我們將實作的 SfM 管線（pipeline）的步驟。首先，透過使用「在整個圖像集合上匹配的 2D 特徵」，並計算兩台相機的位姿，我們對場景的「初始重建點雲」進行「三角測量」。然後，我們再透過「將更多的點」匹配到「形成的點雲」之中、計算「相機位姿」，並三角測量它們的「匹配點」，來替「重建物體」添加更多的視圖。在此期間，我們還將進行「光束法平差」（bundle adjustment），好讓重建中的錯誤減到最少。本章的下一節將詳細說明所有步驟，包含相關程式碼摘錄、有用的 OpenCV 函數指引，以及數學推理：

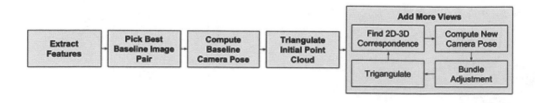

運動恢復結構的概念

首先，我們應該使用「校準設備」或「SfM」來區分「立體」（或任何多視圖）與「3D 重建」之間的差異。使用「兩台或更多相機」所組成的設備時，代表我們已經知道相機之間的運動（motion）。不過，在 SfM 之中，我們不知道這個運動是什麼，而我們希望能找到它。校準設備（calibrated rigs），從最簡單的角度來看，這能讓我們進行更精確的 3D 幾何重建，因爲不會發生「估算相機之間的距離與旋轉」的錯誤；它們都是已知的。實作 SfM 系統的第一步便是「找到相機之間的運動」。OpenCV 中有一些方法可以幫助我們獲得這個運動，具體上是使用 findFundamentalMat 和 findEssentialMat 這兩個函數。

讓我們思考一下選擇「SfM 演算法」背後的目的。在大多數的情況下，我們希望獲得場景中的幾何資訊，例如：「物件」與「相機」之間的位置關係，以及它們的「形狀」。在找到幾台「從相似視角拍攝同一場景」的「相機之間的運動」後，我們將會想要「重建幾何」。用電腦視覺術語來說明，這被稱作**三角測量（triangulation）**，而它可以用很多方式來進行。它可以透過射線相交（ray intersection）的方式來實現，在此，我們建立了兩道射線，分別經過兩台相機的「投影中心」與「其圖像平面上的一點」。理想的情況下，這兩道射線在空間中的「交點」，將會相交於現實世界中的一個 3D 點，而兩台相機都將會拍攝這個點，如下圖所示：

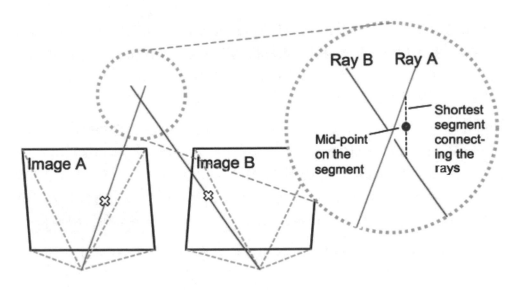

在現實中，射線相交是非常不可靠的；H&Z 也建議不要這麼做。這是因為這兩條射線通常並不會相交，使我們不得不使用這兩條射線的「最短連結線的中點」（the middle point on the shortest segment）。OpenCV 有一個簡單的 API 可以進行更精確的三角測量，即 triangulatePoints 函數，因此我們不需要自行編寫這部分的程式碼。

在你學會如何從兩個視圖重獲（recover）3D 幾何後，我們將看到如何併入（incorporate）相同場景的更多視圖，以獲得更豐富的重建結果。屆時，大多數的 SfM 方法都將透過**光束法平差**來最佳化我們的「相機估算位置」和「3D 點」bundle（示於本章後續的這一小節：「重建結果的改善」）。OpenCV 最新的影像拼接工具箱（Image Stitching Toolbox）亦包含了進行光束法平差的方法。然而，使用 OpenCV 和 C++ 的美妙之處，在於擁有「可以輕鬆整合到管線之中」的豐富外部工具。因此，我們將看到如何整合一個外部光束法平差器（an external bundle adjuster），即 Ceres 非線性最佳化套件（the Ceres nonlinear optimization package）。

現在我們已經勾勒出「用 OpenCV 進行 SfM 方法的輪廓」，接下來，我們將看到每個元素該如何實作。

從一對圖像之中估算相機的運動

在我們實際開始尋找兩台相機之間的運動之前，讓我們檢視一下手邊用來進行這個操作的「輸入」和「工具」。首先，我們有兩張相同場景的圖像，它們分別來自空間中（希望不是非常）不同的位置。這是一項強大的資產，而我們將確保我們使用它。至於工具，我們應該看看那些對我們的圖像、相機和場景「施加限制」的數學物件。

其中兩個非常有用的數學物件是「基礎矩陣」（fundamental matrix，**用 F 表示**）和「本質矩陣」（essential matrix，**用 E 表示**），它們限制了場景的兩幅圖像中「對應的 2D 點」。它們十分相似，只不過，本質矩陣是假設「使用了校準過的相機」；而我們的情況正是如此，因此我們將選擇它。OpenCV 允許我們透過 findFundamentalMat 函數來找出基礎矩陣，並透過 findEssentialMatrix 函數來找出本質矩陣。找出本質矩陣的方法如下：

```
Mat E = findEssentialMat(leftPoints, rightPoints, focal, pp);
```

這個函數利用了左側圖像中的匹配點 leftPoints，和右側圖像中的匹配點 rightPoints（我們稍後將對它們進行討論），以及來自相機校準的另外兩項資訊：焦距 focal，和主要點 pp。

本質矩陣 **E** 是一個 3x3 的矩陣，它對一張圖像中的點 **x** 和另一圖像中的對應點 **x'** 施加如下限制：

$$x' K^T EKx = 0$$

在這裡，**K** 代表校準矩陣。

正如我們即將看到的，這將會非常有用。我們使用的另一個重要事實：僅僅只靠本質矩陣，我們就可以從圖像中「重獲」兩台相機的位置，儘管這是以「任意比例單位」進行的。因此，一旦得到本質矩陣，我們就知道每台相機在空間中的位置，以及它在看（look）哪裡。如果有足夠多的限制方程式，我們可以很容易地計算出矩陣，因為每個方程式都可以用來解（solve）矩陣的一小部分。實際上，OpenCV 內部只使用五個點對（point-pairs）進行計算，但是透過「**隨機抽樣一致性演算法**」（Random Sample Consensus algorithm，**RANSAC**），將可以使用更多對（pairs），進而得到更強健的解答。

使用豐富的特徵描述符進行點匹配

現在，我們將利用「限制方程式」來計算本質矩陣。為了得到我們的限制條件，請記住，對於圖像 A 中的每個點，我們必須在圖像 B 中找到對應的點。我們可以使用 OpenCV 中「廣泛的 2D 特徵匹配框架」來實現這樣的匹配，它在過去幾年的發展已變得非常成熟。

特徵擷取（feature extraction）和描述符匹配（descriptor matching）是電腦視覺中的重要程序，被應用在許多方法之中，用來執行各式各樣的操作，例如：偵測物件在圖像中的「位置」和「姿態」，或根據「給定的查詢」來搜索大型圖像資料庫中「相似的圖像」。本質上來說，**特徵擷取**是指在圖像中選取可以成為「良好特徵」的點，並計算這些點的描述符。**描述符**則是一個數字向量，用來描述圖像中「特徵點」的「周圍環境」。在不同的方法中，它們的描述符會有不同的長度和資料類型。**描述符匹配**是尋找兩組圖像之間具有相同特徵的過程。OpenCV 提供了非常簡單和強大的方法來支援特徵擷取和匹配。

讓我們來看看一個非常簡單的特徵擷取和匹配方案：

```
vector<KeyPoint> keypts1, keypts2;
Mat desc1, desc2;

// detect keypoints and extractORBdescriptors
Ptr<Feature2D>orb = ORB::create(2000);
orb->detectAndCompute(img1, noArray(), keypts1, desc1);
orb->detectAndCompute(img2, noArray(), keypts2, desc2);

// matching descriptors
Ptr<DescriptorMatcher>matcher
=DescriptorMatcher::create("BruteForce-Hamming");
vector<DMatch> matches;
matcher->match(desc1, desc2, matches);
```

你可能已經見過類似的 OpenCV 程式碼，但讓我們快速複習一下。我們的目標是獲得三個元素：「兩張圖像的特徵點」、「描述符」和「兩組特徵之間的匹配」。OpenCV 提供了一系列的「特徵偵測器」、「描述符擷取器」和「匹配器」。在這個簡單的示例中，我們使用「ORB 類別」來獲取 Oriented BRIEF（ORB）特徵點的 2D 位置，以及其各自的描述符（BRIEF 代表 Binary Robust Independent Elementary Features，也就是「二元強健獨立基本特徵」）。相較於**加速強健特徵**（Speeded-Up Robust Features，**SURF**）或**比例不變特徵轉換**（Scale Invariant Feature Transform，**SIFT**）等等「傳統的 2D 特徵」，ORB 可能更受青睞，因為 ORB 不受智慧財產權的限制，而且擁有更快的偵測、計算和匹配速度。

我們使用「暴力（bruteforce）二元匹配器」來獲得匹配。它只是簡單地比對「第一個集合中的每個特徵」和「第二個集合中的每個特徵」，以此來匹配兩個特徵集（故稱之為**暴力**）。

在下圖中，我們將看到兩張來自 Fountain P11 序列的圖像（http://cvlab.epfl.ch/~strecha/multiview/denseMVS.html），以及它們的特徵點匹配：

實際上，像我們剛才所執行的「原始匹配」只能好到某種程度，許多匹配甚至可能是錯誤的。因此，大多數的 SfM 方法會對匹配執行某些形式的過濾，以保持正確性和減少錯誤。OpenCV 暴力匹配器中內建的一種過濾方式是**「交叉檢查過濾」**（cross-check filtering）。也就是說，如果第一幅圖像的「一個特徵」與第二幅圖像的「一個特徵」相匹配，而「反向檢查」也將第二幅圖像的「該特徵」與第一幅圖像的「該特徵」相匹配，則認為該匹配為真（true）。本文提供的程式碼中，還使用另一種常見的過濾機制：根據「兩幅圖像屬於同一場景，而且它們之間具有一定的立體視圖關係（stereo-view relationship）」，以此進行過濾。在實際的應用之中，濾波器將試圖穩健地計算基礎或本質矩陣（我們將在「找出相機矩陣」這一節學到這些），並保留那些符合此計算的特徵對（feature pairs），且僅帶有些微誤差。

除了使用像是 ORB 這樣的豐富特徵之外，另一個選擇是使用**光流**（optical flow）。以下的資訊框提供了「光流」的簡短概要。這樣的方法是可行的：使用「光流」而非「描述符匹配」來尋找兩張圖像之間所需的點匹配，並同時「保持 SfM 管線的其餘部分不變」。OpenCV 最近擴展了它的 API，來從兩張圖像之中獲取流場（flow field），而現在它也更快、更強大了。

> 光流是將「選定的點」從一幅圖像「匹配」到另一幅圖像的過程，假設這兩幅圖像都是序列中的一部分，並且相當接近。大多數的「光流法」只比對**圖像 A** 每一點周圍較小的區域（稱為**搜索窗口**，the search window，或補丁，patch），以及**圖像 B** 中相同的區域。根據電腦視覺一條非常普遍的規則，稱之為**亮度恆常性限制**（brightness constancy constraint，或其他名稱），圖像中的小補丁不會在圖像間大幅改變，因此它們相減的結果應該趨近於零。除了匹配補丁之外，新的光流法還加入了許多其他方法來獲得更好的結果。其中之一是使用圖像金字塔（image pyramids），它是同一張圖像「越縮越小」的版本，允許**從粗到細**（from-coarse-to-fine）進行作業，這是電腦視覺經常使用的技巧。另一種方法則是在流場上定義全域限制（global constraints），即假設相鄰的點朝「同方向」一起移動。關於 OpenCV 中「光流法」的深入討論，可以參考 Packt 網站上的這一章：《使用 Microsoft Kinect 開發流體壁》（Developing Fluid Wall Using the Microsoft Kinect）。

找出相機矩陣

既然我們已經得到了關鍵點之間的匹配，現在可以來計算本質矩陣了。然而，我們首先必須將「匹配點」排列到兩個陣列之中，其中一個陣列的索引（index）必須對應到另一

個陣列的相同索引。這是 findEssentialMat 函數所要求的，如同我們在「估算相機的運動」那一節所示。我們還需要將 KeyPoint 結構轉換爲 Point2f 結構。我們也必須特別注意 queryIdx 和 trainIdx 這兩個 Dmatch 的成員變數（也就是 OpenCV 中持有「兩個關鍵點之間的匹配」的結構），因爲它們必須與我們所使用的 DescriptorMatcher::match() 函數方式保持一致。以下的程式碼示範了如何將「一組匹配」與「兩組相應的 2D 點集」對齊，以及如何使用它們來找尋本質矩陣：

```cpp
vector<KeyPoint> leftKpts, rightKpts;
// ... obtain keypoints using a feature extractor

vector<DMatch> matches;
// ... obtain matches using a descriptor matcher

//align left and right point sets
vector<Point2f>leftPts, rightPts;
for(size_ti = 0; i < matches.size(); i++){
  // queryIdx is the "left" image
  leftPts.push_back(leftKpts[matches[i].queryIdx].pt);

  // trainIdx is the "right" image
  rightPts.push_back(rightKpts[matches[i].trainIdx].pt);
}

//robustly find the Essential Matrix
Mat status;
Mat E = findEssentialMat(
  leftPts,      // points from left image
  rightPts,     // points from right image
  focal,        // camera focal length factor
  pp,           // camera principal point
  cv::RANSAC,   // use RANSAC for a robust solution
  0.999,        // desired solution confidence level
  1.0,          // point-to-epipolar-line threshold
  status);      // binary vector for inliers
```

之後，我們可以使用 status 二元向量來刪除「那些與我們找到的本質矩陣對齊的點」。下圖說明了刪除後的點匹配。紅色箭頭標出「在尋找矩陣的過程中，所刪除的特徵匹配」，而綠色箭頭則代表了「保留的特徵匹配」：

現在我們準備好要來尋找相機矩陣了。此過程在 H&Z 書中的其中一章有詳盡的說明；然而，新的 OpenCV3 API 透過引入 `recoverPose` 函數，讓事情變得更簡單了。首先，我們將簡單地檢視我們要使用的相機矩陣結構：

$$P = [R \mid t] = \begin{vmatrix} r_1 & r_2 & r_3 & t_1 \\ r_4 & r_5 & r_6 & t_2 \\ r_7 & r_8 & r_9 & t_3 \end{vmatrix}$$

這是我們的相機位姿的模型，包含兩個元素：旋轉（**以 R 表示**）和平移（**以 t 表示**）。有趣的是，它含有一個非常基本的方程式：**x = PX**，其中 **x** 是圖像上的一個 2D 點，而 **X** 是空間中的 3D 點。它還有更多特色，但是這個矩陣給了我們一個「圖像點和場景點之間」非常重要的關係。所以現在我們有了找出相機矩陣的動機，讓我們來看看怎麼做。下面的程式碼展示了如何將本質矩陣分解為「旋轉」和「平移」元素：

```
Mat E;
// ... find the essential matrix
```

```
Mat R, t; //placeholders for rotation and translation

//Find Pright camera matrix from the essential matrix
//Cheirality check is performed internally.
recoverPose(E, leftPts, rightPts, R, t, focal, pp, mask);
```

非常簡單。在不深入數學解釋的情況下,將本質矩陣轉換爲「旋轉」和「平移」是可行的,因爲本質矩陣最初就是由這兩個元素所組成。只爲了滿足我們的好奇心,我們可以看看文獻中出現的本質矩陣方程式:

$$E=[t]_x R$$

我們看到它由(某種形式的)平移元素 t 和旋轉元素 R 所組成。

請注意,在 recoverPose 函數內部執行了一個 **cheirality 檢驗**。cheirality 檢驗確保所有經過三角測量的 3D 點都在重建的相機**之前**。H&Z 表明,從本質矩陣中重獲相機矩陣,實際上有四種可能的解答,但唯一正確的解答是「在相機前產生三角測量點」的那一個,因此需要進行 cheirality 檢驗。我們將在下一節學習三角測量和 3D 重建。

也請留意,方才所爲只給了我們一個相機矩陣,而對於三角測量,我們需要兩個相機矩陣。這個操作假設其中一個相機矩陣是「固定」和「標準」的(沒有旋轉和平移,並放置在**世界原點,the world origin**):

$$P_0 = \begin{bmatrix} 1 & 0 & 0 & 0 \\ 0 & 1 & 0 & 0 \\ 0 & 0 & 1 & 0 \end{bmatrix}$$

與固定矩陣的相機相比,我們從本質矩陣中重獲的「另一台相機」已經進行了平移和旋轉。也就是說,我們從這兩個相機矩陣中重獲的「任何一個 3D 點」,都會有在世界原點 **(0,0,0)** 的第一台相機。假定有一台標準相機正是 cv::recoverPose 的運作原理;然而,在其他情況下,**原始的**相機位姿矩陣可能與標準的不同,但仍然適用於 3D 點的三角測量,如我們將在後面所見,當我們不使用 cv::recoverPose 來獲得一個新的相機位姿矩陣時。

另一個可以考慮添加到我們的方法之中的項目是錯誤檢查(error checking)。很多時候,從點匹配計算出的本質矩陣是錯誤的,而這會影響到相機矩陣的結果。用錯誤的相機矩

陣繼續進行三角測量是沒有意義的。我們可以加入一個檢驗（check）來看看旋轉元素是否為一個有效的旋轉矩陣。記得旋轉矩陣的行列式必須是 1（或 -1），我們可以簡單地操作如下：

```
bool CheckCoherentRotation(const cv::Mat_<double>& R) {
  if(fabsf(determinant(R))-1.0 >EPS) {
    cerr <<"rotation matrix is invalid" <<endl;
    return false;
  }
  return true;
}
```

請把 EPS（即 Epsilon）當作是一個非常小的數字，它可以幫助我們處理 CPU 的數值計算極限。實際上，我們可以在程式碼中定義如下：

#define EPS 1E-07

現在，我們可以看到「所有這些元素」將如何組合成一個函數，藉此重獲 P 矩陣。首先，我們引入一些方便的資料結構和類型簡寫（type shorthand）：

```
typedef std::vector<cv::KeyPoint> Keypoints;
typedef std::vector<cv::Point2f> Points2f;
typedef std::vector<cv::Point3f> Points3f;
typedef std::vector<cv::DMatch> Matching;

struct Features { //2D features
  Keypoints keyPoints;
  Points2f points;
  cv::Mat descriptors;
};

struct Intrinsics { //camera intrinsic parameters
  cv::Mat K;
  cv::Mat Kinv;
  cv::Mat distortion;
};
```

現在，我們可以寫出相機矩陣尋找函數：

```cpp
void findCameraMatricesFromMatch(
  const Intrinsics&  intrin,
  const Matching&  matches,
  const Features&  featuresLeft,
  const Features&  featuresRight,
  cv::Matx34f&  Pleft,
  cv::Matx34f&  Pright) {
  {
    //Note: assuming fx = fy
    const double focal = intrin.K.at<float>(0, 0);
    const cv::Point2d pp(intrin.K.at<float>(0, 2),
                         intrin.K.at<float>(1, 2));

    //align left and right point sets using the matching
    Features left;
    Features right;
    GetAlignedPointsFromMatch(
        featuresLeft,
        featuresRight,
        matches,
        left,
        right);

    //find essential matrix
    Mat E, mask;
    E = findEssentialMat(
        left.points,
        right.points,
        focal,
        pp,
        RANSAC,
        0.999,
        1.0,
        mask);

  Mat_<double> R, t;

    //Find Pright camera matrix from the essential matrix
    recoverPose(E, left.points, right.points, R, t, focal, pp, mask);
```

```
Pleft = Matx34f::eye();
Pright = Matx34f(R(0,0), R(0,1), R(0,2), t(0),
                 R(1,0), R(1,1), R(1,2), t(1),
                 R(2,0), R(2,1), R(2,2), t(2));
}
```

這時候，我們有了重建場景需要的兩台相機：在 `Pleft` 變數中的標準第一相機，以及在 `Pright` 變數中，我們根據本質矩陣所計算的第二相機。

選擇最先使用的影像配對

因為場景的圖像視圖不止兩個，我們必須選擇從哪兩個視圖開始重建。**Snavely 等人**在他們的論文中，建議選擇兩個單應性正常值「數量最少」的視圖。**單應性（homography）**是平面上的兩幅圖像或兩組點之間的關係；而**單應性矩陣（homography matrix）**則定義了從一個平面到另一個平面的轉換。對於圖像或一組 2D 點，單應性矩陣的大小為 3x3。

當 Snavely 等人建議尋找最低的正常值比例時，基本上，他們建議你計算所有圖像「兩兩配對」的「單應性矩陣」，並選擇在這些配對之中，那些大多不符合單應性矩陣的「點」。也就是說，這兩個視圖中場景的幾何形狀「不是平面的」，或者，至少在兩個視圖中「不是同一平面」，而這將有助於進行 3D 重建。為了重建，最好是看一個複雜又非平面的場景，並包含接近和遠離相機的物體。

下面的程式碼片段示範了如何使用 OpenCV 的 `findHomography` 函數來計算兩個「已經擷取並匹配特徵的視圖」之間的「正常值數量」：

```
int findHomographyInliers(
const Features& left,
const Features& right,
const Matching& matches) {
  //Get aligned feature vectors
  Features alignedLeft;
  Features alignedRight;
  GetAlignedPointsFromMatch(left, right, matches, alignedLeft,
  alignedRight);

  //Calculate homography with at least 4 points
```

```
Mat inlierMask;
Mat homography;
if(matches.size() >= 4) {
  homography = findHomography(alignedLeft.points,
                              alignedRight.points,
                              cv::RANSAC, RANSAC_THRESHOLD,
                              inlierMask);
  }

  if(matches.size() < 4 or homography.empty()) {
      return 0;
  }

  return countNonZero(inlierMask);
}
```

下一步，對 bundle 中所有圖像視圖的配對執行此操作，並根據單應性正常值與異常值的
比例來對它們進行排序：

```
//sort pairwise matches to find the lowest Homography inliers
map<float, ImagePair>pairInliersCt;
const size_t numImages = mImages.size();

//scan all possible image pairs (symmetric)
for (size_t i = 0; i < numImages - 1; i++) {
  for (size_t j = i + 1; j < numImages; j++) {

    if (mFeatureMatchMatrix[i][j].size() < MIN_POINT_CT) {
      //Not enough points in matching
      pairInliersCt[1.0] = {i, j};
      continue;
    }

    //Find number of homography inliers
    const int numInliers = findHomographyInliers(
      mImageFeatures[i],
      mImageFeatures[j],
      mFeatureMatchMatrix[i][j]);

    const float inliersRatio =
```

```
                              (float)numInliers /
                              (float)(mFeatureMatchMatrix[i][j].size());

            pairInliersCt[inliersRatio] = {i, j};
        }
    }
```

請注意，`std::map<float, ImagePair>` 會根據映射的鍵值（即正常值比例），從內部將配對進行排序。然後，我們只需要從頭開始走訪該映射，即可找到具有最小正常值比例的圖像配對。如果該配對無法使用，也能輕鬆跳到下一對。下一節將告訴我們「如何使用這些相機配對」來獲得場景的 3D 結構。

重建場景

接下來，我們將研究如何從目前獲得的資訊中「恢復場景的 3D 結構」。我們應該利用手邊的工具和資訊來實現這一點，就像我們之前做過的一樣。在上一節中，我們透過本質矩陣得到了兩個相機矩陣；我們已經討論過這些工具如何協助在空間中獲取一個點的 3D 位置。然後，我們可以回頭使用我們匹配的「點對」（point pairs），來將「數值資料」填進方程式。「點對」也將有助於計算「我們所有近似計算之中」的誤差。

讓我們來看看如何使用 OpenCV 進行三角測量。幸運的是，OpenCV 為我們提供了許多函數，使這個過程的實作相當容易：`triangulatePoints`、`undistortPoints` 和 `convertPointsFromHomogeneous`。

回憶一下我們從 2D 點匹配和 P 矩陣中所得到的兩個關鍵方程式：**x=PX** 和 **x'= P'X**，其中 **x** 和 **x'** 是匹配的 2D 點，而 **X** 是兩台相機拍攝的現實 3D 點。如果我們檢視這些方程式，我們會發現代表一個 2D 點的 **x 向量**應該是 (3x1)，而代表一個 3D 點的 **X** 應該是 (4x1)。兩個點在向量中都有一個額外的分量；這就是**齊次座標（Homogeneous Coordinates）**。我們用這些座標來簡化三角測量的過程。

方程式 **x = PX**（其中 **x** 是一個 2D 圖像點、**X** 是一個世界 3D 點，而 **P** 是一個相機矩陣）缺少了一個關鍵元素：相機校準參數矩陣 **K**。矩陣 **K** 是用於將「2D 圖像點」從「像素座標」轉換至「正規化座標」（在 [-1, 1] 區間內），以此「去除」對圖像像素尺寸的依賴性，

而這是絕對必要的。例如，在 320x240 圖像中，一個 2D 點 x_1=(160,120) 在某些情況下可以轉換為 x_1'=(0,0)。為此，我們使用 undistortPoints 函數：

```
Vector<Point2f> points2d; //in 2D coordinates (x, y)
Mat normalizedPts;  //in homogeneous coordinates (x', y', 1)

undistortPoints(points2d, normalizedPts, K, Mat());
```

現在，我們準備好將「正規化的 2D 圖像點」透過三角測量轉換成「3D 世界點」：

```
Matx34f Pleft, Pright;
//... findCameraMatricesFromMatch

Mat normLPts;
Mat normRPts;
//... undistortPoints

//the result is a set of 3D points in homogeneous coordinates (4D)

Mat pts3dHomog;
triangulatePoints(Pleft, Pright, normLPts, normRPts, pts3dHomog);

//convert from homogeneous to 3D world coordinates
Mat points3d;
convertPointsFromHomogeneous(pts3dHomog.t(), points3d);
```

在下圖中，我們可以看到兩幅圖像的三角測量結果，來自 Fountain P-11 序列（http://cvlabwww.epfl.ch/data/multiview/denseMVS.html）。上方的兩幅圖像是原始場景的兩幅視圖，下方的配對則是從這兩幅視圖中「重建」的點雲的視圖，包含看向噴泉的相機估算。我們可以看到紅磚牆右邊的部分是如何重建的，還有從牆上突出的噴泉：

然而，正如我們前面所討論的，我們有一個問題，即重建「只是」按比例進行的。我們應該花點時間來理解「按比例進行」的含義。我們在兩台相機之間得到的運動將會有一個任意的測量單位，不是公分或英吋，而只是一個給定的比例單位。我們重建的相機之間的距離將是一個單位比例。當我們之後決定重獲更多相機時，這將有很大的影響，因爲「每對相機」都會有自己的比例單位，而不是一個共通的。

現在將討論「我們建立的誤差測量」如何幫助我們找到「更強健的重建結果」。首先，我們應該注意，再投影（reprojection）的意思是我們拿三角測量的 3D 點在相機上「重新成像」（reimage），來得到一個再投影的 2D 點，然後，我們比較「原始 2D 點」和「再投影 2D 點」之間的距離。如果這個距離很長，這代表我們可能在三角測量中有錯誤，所以我們可能不希望在最終結果中包含這個點。我們的全域量度標準是「平均」再投影距離，它可以給我們一些關於三角測量「整體表現如何」的提示。「高平均再投影率」可能指出 P 矩陣的問題，也就表示計算本質矩陣或匹配特徵點可能有問題。爲了將「點」再投影，OpenCV 提供了 projectPoints 函數：

```
Mat x34f P; //camera pose matrix
Mat points3d; //triangulated points
Points2d imgPts; //2D image points that correspond to 3D points
```

```
Mat K; //camera intrinsics matrix

// ... triangulate points

//get rotation and translation elements
Mat R;
Rodrigues(P.get_minor<3, 3>(0, 0), rvec);
Mat t = P.get_minor<3, 1>(0, 3);

//reproject 3D points back into image coordinates
Mat projPts;
projectPoints(points3d, R, t, K, Mat(),projPts);

//check individual reprojection error
for (size_t i = 0; i < points3d.rows; i++) {
    const double err = norm(projPts.at<Point2f>(i) - imgPts[i]);

    //check if point reprojection error is too big
    if (err > MIN_REPROJECTION_ERROR){
        // Point reprojection error is too big.
    }
}
```

接下來，我們將看看如何重獲「更多看向相同場景的相機」，並結合「3D 重建結果」。

從多視圖重建

現在我們了解如何從兩台相機重獲「運動」和「場景」的幾何形狀，看起來好像很簡單：只要套用相同的過程，就可以得到更多相機參數和場景點。但這件事其實沒那麼容易，因為我們只能得到一個按比例的重建結果，而每一對照片都將有不同的比例。

從多個視圖中正確重建 3D 場景資料的方法有很多。其中一種實現**相機姿態估計（camera pose estimation）**或**相機重分段（camera resectioning）**的方法是 Perspective N-Point（PnP）**演算法**，即嘗試使用我們已經找到的「N 個 3D 場景點」和「它們各自的 2D 圖像點」，來求解一台新相機的位置。另一種方法是三角測量更多的點，看看它們是否「適合」我們現有的場景幾何；而這將透過**點雲對準（point cloud registration）**來告訴我

們新相機的位置。在本節中，我們將討論使用 OpenCV 的 solvePnP 函數來實現第一種方法。

在透過「相機重分段」進行增量 3D 重建時，我們選擇的第一步是「得到一個基線場景結構」。因為我們需要根據「已知的場景結構」來尋找任何新相機的位置，所以我們首先需要找到一個「初始結構」。我們可以使用前面討論過的方法，例如，在第一幀和第二幀之間，透過尋找相機矩陣（使用 findCameraMatricesFromMatch 函數）並三角測量幾何形狀（使用 triangulatePoints）來獲得基線（baseline）。

在找到初始結構後，我們就可以繼續進行；然而，我們的方法需要相當多的簿記工作（bookkeeping）。首先，我們應該留意，solvePnP 函數需要 3D 和 2D 點的對齊向量。對齊的向量就是「一個向量的**第 i 個位置**」與「另一個向量的**第 i 個位置**」對齊。為了得到這些向量，我們必須在之前重獲的 3D 點中，找到那些「與我們新幀中的 2D 點」對齊的「點」。一個簡單的方法是，對於雲中的每個 3D 點，附加一個「標示它來自哪個 2D 點」的「向量」。然後，我們可以使用特徵匹配來獲得「匹配對」。

讓我們為 3D 點引進一個新的結構，如下：

```
struct Point3DInMap {
  // 3D point.
  cv::Point3f p;

  // Mapping from image index to a 2D point in that image's
  // list of features that correspond to this 3D point.
  std::map<int, int> originatingViews;
};
```

它除了 3D 點之外，還持有一個索引，指向每幀的 2D 點向量中「對 3D 點有貢獻的某一點」。在三角測量新的 3D 點時，必須初始化 Point3DInMap::originatingViews 所需的資訊，記錄哪些相機參與了三角測量。然後，我們可以使用它，從我們的 3D 點雲「追蹤」到每幀中的 2D 點。

讓我們添加一些方便的定義：

```
struct Image2D3DMatch { //Aligned vectors of 2D and 3D points
  Points2f points2D;
  Points3f points3D;
```

```
};
```

```
//A mapping between an image and its set of 2D-3D aligned points
typedef std::map<int, Image2D3DMatch> Images2D3DMatches;
```

現在，讓我們看看如何將 2D 與 3D 點向量對齊，以利 solvePnP 使用。以下的程式碼片段顯示了從「現有的 3D 點雲之中的新圖像（使用原始 2D 視圖增強）」查詢「2D 點」的過程。簡單地說，此演算法「掃描」雲中既有的 3D 點，查看它們的「原始 2D 點」，並試圖（透過特徵描述符）找到新圖像中「匹配的 2D 點」。如果找到這樣的匹配，可能表示「該 3D 點」也出現在新圖像的「某個特定 2D 點」上：

```
Images2D3DMatches matches;

//scan all pending new views
for (size_tnewView = 0; newView<images.size(); newView++) {
  if (doneViews.find(newView) != doneViews.end()) {
    continue; //skip done views
  }

Image2D3DMatch match2D3D;

//scan all current cloud's 3D points
for (const Point3DInMap&p : currentCloud) {

//scan all originating views for that 3D cloud point
for (const auto& origViewAndPoint : p.originatingViews) {

  //check for 2D-2D matching via the match matrix
  int origViewIndex = origViewAndPoint.first;
  int origViewFeatureIndex = origViewAndPoint.second;

  //match matrix is upper-triangular (not symmetric)
  //so the left index must be the smaller one
  bool isLeft = (origViewIndex <newView);
  int leftVIdx = (isLeft) ? origViewIndex: newView;
  int rightVIdx = (isLeft) ? newView : origViewIndex;

  //scan all 2D-2D matches between originating and new views
  for (const DMatch& m : matchMatrix[leftVIdx][rightVIdx]) {
```

```
int matched2DPointInNewView = -1;

//find a match for this new view with originating view
if (isLeft) {
    //originating view is 'left'
    if (m.queryIdx == origViewFeatureIndex) {
      matched2DPointInNewView = m.trainIdx;
    }
} else {
    //originating view is 'right'
    if (m.trainIdx == origViewFeatureIndex) {
      matched2DPointInNewView = m.queryIdx;
    }
}

if (matched2DPointInNewView >= 0) {
    //This point is matched in the new view
    const Features& newFeat = imageFeatures[newView];

    //Add the 2D point form the new view
    match2D3D.points2D.push_back(
      newFeat.points[matched2DPointInNewView]
    );

    //Add the 3D point
    match2D3D.points3D.push_back(cloudPoint.p);

    break; //look no further
  }
}
}
}
matches[viewIdx] = match2D3D;
}
```

現在我們已經將場景中的「3D 點對」與「一個新幀中的 2D 點」對齊，我們可以使用它們來重獲相機的位置，如下：

```
Image2D3DMatch match;
//... find 2D-3D match
```

```cpp
//Recover camera pose using 2D-3D correspondence
Mat rvec, tvec;
Mat inliers;
solvePnPRansac(
  match.points3D, //3D points
  match.points2D, //2D points
  K, //Calibration intrinsics matrix
  distortion, //Calibration distortion coefficients
  rvec,//Output extrinsics: Rotation vector
  tvec, //Output extrinsics: Translation vector
  false, //Don't use initial guess
  100, //Iterations
  RANSAC_THRESHOLD, //Reprojection error threshold
  0.99, //Confidence
  inliers //Output: inliers indicator vector
);

//check if inliers-to-points ratio is too small
const float numInliers = (float)countNonZero(inliers);
const float numPoints = (float)match.points2D.size();
const float inlierRatio = numInliers / numPoints;

if (inlierRatio < POSE_INLIERS_MINIMAL_RATIO) {
  cerr << "Inliers ratio is too small: "
       << numInliers<< " / " <<numPoints<< endl;
  //perhaps a 'return;' statement
}

Mat_<double>R;
Rodrigues(rvec, R); //convert to a 3x3 rotation matrix

P(0, 0) = R(0, 0); P(0, 1) = R(0, 1); P(0, 2) = R(0, 2);
P(1, 0) = R(1, 0); P(1, 1) = R(1, 1); P(1, 2) = R(1, 2);
P(2, 0) = R(2, 0); P(2, 1) = R(2, 1); P(2, 2) = R(2, 2);
P(0, 3) = tvec.at<double>(0, 3);
P(1, 3) = tvec.at<double>(1, 3);
P(2, 3) = tvec.at<double>(2, 3);
```

注意，我們使用的是 solvePnPRansac 函數，而不是 solvePnP 函數，因為它對「異常值」而言更為強健。現在，我們有了一個新的 P 矩陣，我們可以像之前做的那樣，簡單地使用 triangulatePoints 函數，並用更多 3D 點填充（populate）我們的點雲。

在下圖中，我們看到對 http://cvlabwww.epfl.ch/data/multiview/denseMVS.html 上 Fountain-P11 場景的增量重建，從第四幅圖像開始。左上圖是使用四幅圖像後的重建結果；參與的相機顯示為「紅色金字塔」，並以「白線」標示方向。其他圖片則展示了「更多的相機是如何為雲添加更多的點」：

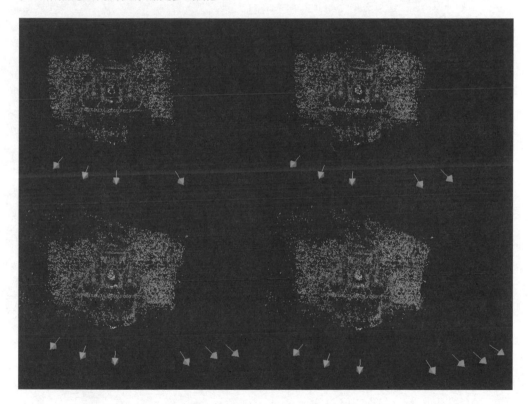

重建結果的改善

SfM 方法最重要的部分之一，就是對重建的場景進行改善和最佳化，也就是**光束法平差**（**Bundle Adjustment，BA**）的過程。在這個最佳化步驟之中，我們收集的所有資料都將

塞進一個龐大的模型裡。重獲的 3D 點位置和相機位置都進行了最佳化,因此「再投影誤差」將被減到最小。換句話說,重獲的 3D 點被「再投影」到圖像上時,位置應該在「產生它們的原始 2D 特徵點」附近。我們使用 BA 的過程,會「盡量」將所有 3D 點的「這種誤差」一起減到最小,建立一個包含上千參數的「大型聯立線性方程組」。

我們將使用 **Ceres 函式庫**(來自 Google 的知名最佳化套件)來實作 BA 演算法。Ceres 有些內建的工具可以協助 BA 進行,如「自動微分」以及「各種風格的線性和非線性最佳化方案」,使程式碼更少,而靈活度更高。

為了讓事情簡單化並更容易實作,我們將做一些假設,然而,在一個真正的 SfM 系統之中,這些是不能被忽略的。首先,我們假設相機有一個簡單的內部模型,亦即 x 和 y 的焦距是相同的,而「投影的中心」就在圖像的正中間。我們更進一步假設所有相機都「共用」相同的內部參數,也就是說,同一台相機以相同的設置(例如縮放)拍攝了 bundle 中的所有圖像。這些假設將大幅地減少「需要最佳化的參數」的數量,從而使最佳化不僅更容易編碼,收斂速度也更快。

首先,我們要建立**誤差函數**(error function)模型,有時也稱為**成本函數**(cost function):簡單地說,即最佳化演算法「檢驗新參數有多好,以及如何得到更好參數」的方法。利用 Ceres 的自動微分機制,我們可以寫出以下函子:

```
// The pinhole camera is parameterized using 7 parameters:
// 3 for rotation, 3 for translation, 1 for focal length.
// The principal point is not modeled (assumed be located at the
// image center, and already subtracted from 'observed'),
// and focal_x = focal_y.
struct SimpleReprojectionError {
  using namespace ceres;

  SimpleReprojectionError(double observed_x, double observed_y) :
  observed_x(observed_x), observed_y(observed_y) {}

  template<typenameT>
  bool operator()(const T* const camera,
                  const T* const point,
                  const T* const focal,
                  T* residuals) const {
```

```
    T p[3];
    // Rotate: camera[0,1,2] are the angle-axis rotation.
    AngleAxisRotatePoint(camera, point, p);

    // Translate: camera[3,4,5] are the translation.
    p[0] += camera[3];
    p[1] += camera[4];
    p[2] += camera[5];

    // Perspective divide
    const T xp = p[0] / p[2];
    const T yp = p[1] / p[2];

    // Compute projected point position (sans center of
    // projection)
    const T predicted_x = *focal * xp;
    const T predicted_y = *focal * yp;

    // The error is the difference between the predicted
    // and observed position.
    residuals[0] = predicted_x - T(observed_x);
    residuals[1] = predicted_y - T(observed_y);
    return true;
  }

  // A helper construction function
  static CostFunction* Create(const double observed_x,
  const double observed_y) {
    return (newAutoDiffCostFunction<SimpleReprojectionError,
    2, 6, 3, 1>(
    newSimpleReprojectionError(observed_x,
    observed_y)));
  }
  double observed_x;
  double observed_y;
};
```

這個函子透過使用「簡化的外部和內部相機參數」，對3D點進行重新投影，計算出它與原始2D點的偏差。x和y中的誤差將保存為餘數，用以指導最佳化。

在 BA 實作中有相當多的額外程式碼,但它主要處理「雲 3D 點」、「原始 2D 點」及「其各自相機的簿記」。讀者可能會希望在本書附帶的程式碼中回顧一下這是如何進行的。

下圖顯示了 BA 的效果。左邊的兩幅圖像是兩個視角「進行調整前的點雲」,右邊的圖像則是「最佳化後的雲」。你會發現變化是相當巨大的,而在不同視圖進行三角測量得到的點之間,許多「未對準的地方」都被統一了。我們也會注意到「調整結果」如何產生一個更好的平面重建:

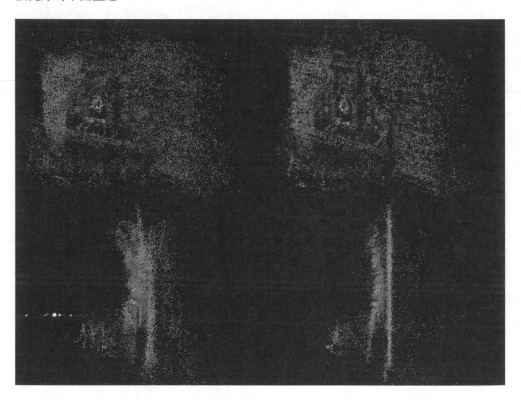

使用範例程式碼

我們可以在本書的輔助素材中找到 SfM 的範例程式碼。現在,讓我們來看看如何建置、執行和使用它。這段程式碼使用了 **CMake**,一種類似 Maven 或 SCons 的跨平台建置環境。我們也應該確保我們具備「建置應用程式的所有先決條件」:

- OpenCV v3.0 或更高
- Ceres v1.11 或更高
- Boost v1.54 或更高

首先，我們必須設定建置環境。為此，我們可以建立一個名為 build 的資料夾，其中包含所有「與建置相關」的檔案；我們現在假設「所有的命令列操作」都在 build/ 資料夾之中，雖然既使不使用 build 資料夾，過程也是類似的（取決於檔案的位置）。我們還應該確保 CMake 能夠找到 boost 和 Ceres。

如果我們使用 Windows 作業系統，我們可以用 Microsoft Visual Studio 來建置；因此，我們應該執行以下命令：

```
cmake -G "Visual Studio 10"
```

如果使用 Linux、Mac OS 或其他類 Unix 作業系統，則執行以下命令：

```
cmake -G "Unix Makefiles"
```

若我們偏好在 Mac OS 上使用 XCode，就執行以下命令：

```
cmake -G Xcode
```

CMake 還可以為 Eclipse、Codeblocks 等建置巨集（macros）。

在 Cmake 完成建立環境之後，我們就可以進行建置了。如果我們使用「類 Unix 系統」，我們可以直接執行 make 工具程式，否則應該使用我們開發環境的建置過程。

建置完成之後，我們應該得到一個名為 ExploringSfM 的可執行檔，它將執行 SfM 程序。不帶參數地執行它，將得到以下結果：

```
USAGE ./build/ExploringSfM [options] <input-directory>
-h [ --help ]  Produce help message
-d [ --console-debug ] arg (=2)  Debug output to console log level
(0 = Trace, 4 = Error).
-v [ --visual-debug ] arg (=3)  Visual debug output to screen log
    level
(0 = All, 4 = None).
-s [ --downscale ] arg (=1)  Downscale factor for input images.
-p [ --input-directory ] arg  Directory to find input images.
-o [ --output-prefix ] arg (=output)  Prefix for output files.
```

若要在一組圖像上執行這個程序,我們應該提供一個硬碟上的位置來尋找影像檔。如果提供的位置有效,程序應該會啟動,而我們將在螢幕上看到「進度」和「除錯資訊」。如果沒有出現錯誤,這個程序將在結束時顯示一則訊息,說明圖像產生的點雲「已被儲存到 PLY 檔之中」,該檔可以在「多數 3D 編輯軟體中」開啟。

總結

在本章中,我們學到 OpenCV v3 如何以「既容易編寫程式碼又易於理解的方式」來幫助我們入門「運動恢復結構」。OpenCV v3 的新 API 包含許多有用的函數和資料結構,使我們的生活更輕鬆,也有助於更簡潔的實作。

然而,最先進的 SfM 方法要複雜得多。為了簡單起見,我們選擇忽略「許多問題」以及「更多通常會執行的錯誤檢查」。我們亦能重訪替 SfM 中「不同元素」選擇的方法。例如,H&Z 提出了一種高度精確的三角測量方法,使圖像領域的「再投影」誤差最小化。有些方法(在釐清多幅圖像特徵之間的關係後)甚至使用了 N 視圖三角測量。

如果我們想擴展並深入對 SfM 的瞭解,那麼查看「其他開源 SfM 函式庫」肯定會使我們受益良多。一個特別有趣的專案是 libMV,它實作了大量的 SfM 元素,可以彼此互換以獲得最佳結果。華盛頓大學(University of Washington)也開發了大量的產品,為許多不同風格的 SfM(Bundler 和 VisualSfM)提供工具。這些產品還啟發了微軟的另一款線上產品 **PhotoSynth**,以及 Adobe 的 **123D Catch**。網路上還有很多立即可用的 SfM 實作,只要搜尋就可以找到很多。

我們尚未深入討論的「另一個重要議題」是 SfM 和視覺定位(Visual Localization)與映射(Mapping)之間的關係,較為人知的說法是 **Simultaneous Localization and Mapping(SLAM)**。在本章中,我們處理了給定的「圖像資料集」和「視訊序列」,在這種情況下,使用 SfM 是可行的;然而,有些應用程式「沒有預先錄製的資料集」,我們必須動態地啟動重建。這個過程更常被稱作**映射(Mapping)**,而它是我們「在創建世界的 3D 地圖時」、「在 2D 中使用特徵匹配和追蹤時」,以及「在三角測量之後」才執行的。

下一章,我們將看到 OpenCV 如何使用「機器學習」中的各種技術,從圖像中擷取車牌號碼。

參考文獻

- Hartley, Richard, and Andrew Zisserman, Multiple View Geometry in Computer Vision, Cambridge University Press, 2003

- Hartley, Richard I., and Peter Sturm; Triangulation, Computer Vision and image understanding 68.2 (1997): 146-157

- Snavely, Noah, Steven M. Seitz, and Richard Szeliski; Photo Tourism: Exploring Photo Collections in 3D, ACM Transactions on Graphics (TOG). Vol. 25. No. 3. ACM, 2006

- Strecha, Christoph, et al, On Benchmarking Camera Calibration and Multi-view Stereo for High Resolution Imagery, IEEE Conference on Computer Vision and Pattern Recognition (CVPR) 2008

- http://cvlabwww.epfl.ch/data/multiview/denseMVS.html

- https://develope r.blender.org/tag/libmv/

- http://ccwu.me/vsfm/

- http://www.cs.cornell.edu/~snavely/bundler/

- http://photosynth.net

- http://en.wikipedia.org/wiki/Simultaneous_localization_and_mapping

- http://www.cmake.org

- http://ceres-solver.org

- http://www.123dapp.com/catch

3

使用支援向量機和神經網路進行車牌辨識

本章我們將介紹建立「自動車牌辨識應用程式」（Automatic Number Plate Recognition；ANPR）所需的步驟。根據不同的情況，會有不同的方法和技術，例如：紅外線攝影機、固定汽車位置以及燈光條件等等。在「距離汽車 2 或 3 米」、「光照條件模糊」、「地面不平行而使車牌透視有些失真」等情形下，我們能夠建立一個 ANPR 應用程式，用來偵測相片中的車牌。

本章的主要目的是「介紹圖像的分割和特徵擷取」、「圖形識別的基礎知識」，以及「兩種重要的圖形識別演算法」：**支援向量機**（Support Vector Machine；SVM）和**人工神經網路**（Artificial Neural Network；ANN）。我們將討論以下主題：

- ANPR
- 車牌偵測（Plate detection）
- 車牌辨識（Plate recognition）

ANPR 簡介

自動車牌辨識（Automatic License-Plate Recognition；ALPR）、自動車輛鑑定（Automatic Vehicle Identification；AVI）或車牌辨識（Car Plate Recognition；CPR）是一種監控方法，它使用了光學字元辨識（Optical Character Recognition；OCR）以及分割和偵測等方法來「讀取」車輛的牌照。

在 ANPR 系統中，使用紅外線攝影機（Infrared camera）可以得到最好的結果，因為「偵測」和「OCR 分割」的分割步驟簡單、乾淨，誤差亦最小。這要歸功於「光的基本定律之一」，也就是「入射角等於反射角」。當我們看到像「平面鏡」這樣光滑的表面時，我們就會看到這種基本反射。粗糙表面（例如紙張）會導致一種稱為「漫射」或「散射」的反射。然而，大多數國家的車牌都有一種獨特的特性，稱作「回射」（retro-reflection），即「金屬板表面」是由一種「表面覆蓋著成千上萬微小半球」的材料所製成的，使得光線反射回光源，如下圖所示：

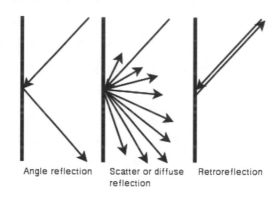

Angle reflection　　Scatter or diffuse　　Retroreflection
　　　　　　　　　　reflection

如果我們使用的攝影機包含「搭配濾鏡的結構紅外線投影機」，我們可以只取回紅外線，然後我們將得到一張品質非常好的圖像，可以在不受任何光照環境影響的情況下「偵測」和「辨識」車牌，如下圖所示：

我們在本章中不會使用紅外線照片；我們會使用一般的照片，如此一來，我們不會得到最好的結果，反而會得到更多的偵測錯誤和更高的錯誤辨識率，這和使用紅外線攝影機的結果截然不同。然而，兩者的步驟都是相同的。

每個國家都有不同的車牌大小和規格。為了得到最好的結果並減少錯誤，理解這些規範是很有用的。每一章所使用的演算法都是為了「解釋 ANPR 的基礎」而設計的，並使用西班牙車牌作為具體範例，但是，我們也可以將其延伸到任何國家或規範。

在本章中，我們將使用來自西班牙的車牌。在西班牙，有三種不同大小和形狀的車牌，但我們只使用最常見的（大）車牌：寬 520mm，高 110mm。兩組字元間有 41mm 的分隔，而每個字元間有 14mm 寬的分隔。第一組字元有四個數字，第二組有三個字母，沒有母音 A、E、I、O、U，也沒有字母 N 或 Q。所有字元的尺寸都是 45mm 乘以 77mm。

這些資料對於「字元分割」很重要，因為我們可以檢查字元和空白的空間，以驗證我們得到的是字元，而不是其他圖像分割：

ANPR 演算法

在解釋 ANPR 程式碼之前，我們需要定義 ANPR 演算法中的主要步驟和任務。ANPR 分為兩個主要步驟：車牌偵測和車牌辨識。車牌偵測的目的是偵測車牌在整個相機畫面中的位置。在圖像中偵測到一個車牌時，該車牌的部份將被傳遞到第二個步驟（車牌辨識），這個步驟會使用 OCR 演算法來判斷車牌上的文數字字元（alphanumeric characters）。

在下圖中，我們可以看到兩個主要的演算法步驟：車牌偵測和車牌辨識。在這些步驟之後，程式將在攝影機幀上繪製偵測到的車牌字元。演算法可能回傳不好的結果，也可能不回傳任何結果：

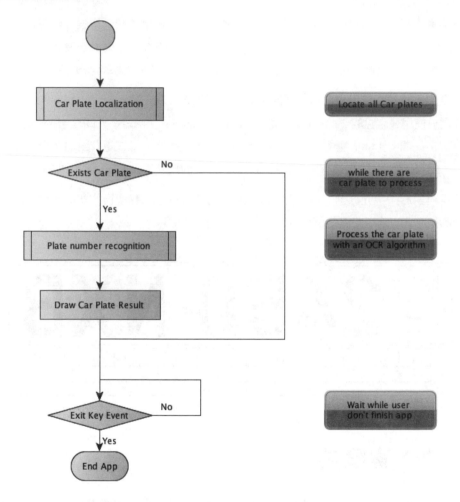

在上圖所示的每個步驟中，我們將定義圖形識別演算法中常用的三個額外步驟。這些步驟如下：

1. **分割（Segmentation）**：此步驟會偵測和移除圖像中每一個相關的補丁或區域。

2. **特徵擷取（Feature extraction）**：此步驟會從每個補丁中擷取一組特徵。

3. **分類（Classification）**：此步驟會從車牌辨識的步驟中「擷取每個字元」，或在車牌偵測步驟中將每個圖像補丁分類為**車牌**或**非車牌**。

如下圖所示，我們可以在整個演算法的應用之中，看到這些圖形識別步驟：

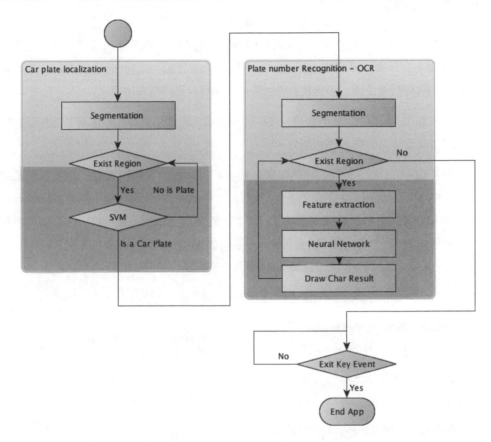

除了主要用於偵測和辨識車牌號碼的應用程式以外，我們還會簡單解釋另外兩項通常並未解釋的任務：

- 如何訓練一個圖形識別系統
- 如何評估它

然而，這些任務可能比主應用程式更重要，因為如果我們沒有正確地訓練（train）圖形識別系統，我們的系統可能會失敗，無法正確運作；不同的圖形需要不同的訓練和評估。我們需要在不同的環境、條件和特徵中評估我們的系統，以獲得最佳的結果。這兩個任務有時會一起執行，因為不同的特徵會產生不同的結果，我們將在「評估」小節討論這個。

車牌偵測

在這個步驟中,我們必須偵測目前攝影機幀中的所有車牌。為了達成這項任務,我們將其分為兩個主要步驟:分割(segmentation)以及分割分類(segment classification)。我們沒有特別解釋特徵步驟,因為我們將圖像補丁作為向量特徵來使用。

在第一個步驟中(分割),我們將應用不同的濾波器、形態學運算、輪廓演算法和驗證機制,以取得圖像中可能有車牌的部分。

在第二個步驟中(分類),我們將對每個圖像補丁(即我們的特徵)應用一個**支援向量機**分類器(SVM classifier)。在建立主應用程式之前,我們將使用兩種不同的類別進行訓練:**車牌**和**非車牌**。我們將使用「寬 800 像素、距離汽車 2 到 4 米」的平行正面彩色圖像。這些要求對於「正確的分割」而言非常重要。如果我們建立一個多尺度圖像演算法(a multi-scale image algorithm),我們將可以得到表現良好的結果。

下圖中,我們將展示車牌偵測中會包含的所有程序:

- Sobel 濾波器(Sobel filter)
- 臨界值運算
- 閉合形態學運算
- 填充區域之一的遮罩
- 紅框標示的可能偵測車牌(特徵圖像)
- SVM 分類後的結果車牌

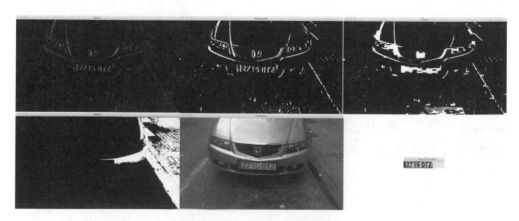

分割

分割是將圖像劃分成數個部分的過程。這個過程是為了簡化圖像的分析，使特徵擷取更加容易。

車牌分割的一個重要特徵是車牌的「垂直邊緣」數量很多（假設圖像是從正面拍攝，車牌沒有旋轉，也沒有透視失真）。在第一個分割步驟中，可以利用這個特徵來「消除」沒有任何垂直邊緣的區域。

在尋找垂直邊緣之前，我們需要將彩色圖像轉換成灰階圖像（因為顏色在這項任務之中幫不上忙），並消除攝影機或其他環境雜訊可能產生的雜訊。我們將應用一個「5x5 高斯模糊（Gaussian blur）」來消除雜訊。如果我們不應用雜訊去除方法，我們可能會得到相當多的垂直邊緣，而造成錯誤偵測：

```
//convert image to gray
Mat img_gray;
cvtColor(input, img_gray, CV_BGR2GRAY);
blur(img_gray, img_gray, Size(5,5));
```

為了找到垂直邊，我們將使用 Sobel 濾波器並找到一階水平導數。這個導數（derivate）是一個數學函數，幫助我們在圖像上找到垂直的邊緣。OpenCV 中的 Sobel 函數定義如下：

```
void Sobel(InputArray src, OutputArray dst, int ddepth, int
xorder, int yorder, int ksize=3, double scale=1, double delta=0,
int borderType=BORDER_DEFAULT )
```

其中，ddepth 為「目標圖像深度」；xorder 是 **x 導數**的階數；yorder 是 **y 導數**的階數；ksize 是 1、3、5 或 7 的內核尺寸；scale 是可選擇的導數值計算因素；delta 是可選擇的「添加到結果中的值」；而 borderType 是像素內插方法。

然後，針對我們的範例，我們可以使用 xorder=1，yorder=0，和 ksize=3：

```
//Find vertical lines. Car plates have high density of vertical
lines
Mat img_sobel;
Sobel(img_gray, img_sobel, CV_8U, 1, 0, 3, 1, 0);
```

在應用 Sobel 濾波器後，我們將應用臨界值濾波器，以一個透過 Otsu 方法獲得的臨界值來「產生二元圖像」。Otsu 演算法需要一張 8 位元輸入圖像，而 Otsu 演算法將自動決定最佳的臨界值：

```
//threshold image
Mat img_threshold;
threshold(img_sobel, img_threshold, 0, 255,
CV_THRESH_OTSU+CV_THRESH_BINARY);
```

為了在臨界值函數中定義 Otsu 方法，我們將類型參數與 CV_THRESH_OTSU 結合，並忽略臨界值參數。

定義了 CV_THRESH_OTSU 之後，臨界值函數將「回傳」Otsu 演算法所獲得的「最佳臨界值」。

透過應用一個閉合形態學運算，我們可以刪除每個垂直邊緣線之間的空白，並連接所有「邊緣數量較多」的區域。在這一個步驟中，我們將得到「可能包含車牌」的區域。

首先，我們將定義在形態學運算中使用的結構元素。在我們的範例中，我們將使用 getStructuringElement 函式來定義一個「尺寸為 17x3 的結構矩形元素」；其他圖像的尺寸可能不同：

```
Mat element = getStructuringElement(MORPH_RECT, Size(17, 3));
```

然後，我們將透過 morphologyEx 函數，在一個閉合形態學運算中使用這個結構元素：

```
morphologyEx(img_threshold, img_threshold, CV_MOP_CLOSE,
element);
```

應用這些函數後，我們得到了圖像中「可能包含車牌」的所有區域；然而，大多數區域並不包含車牌。這些區域可以透過「連通區域分析」或「findContours 函數」來進行區分。後者在取得二元圖像輪廓上有許多不同的方法和結果。我們只需要得到「任意階層關係」以及「任意折線逼近結果」的外部輪廓：

```
//Find contours of possibles plates
vector< vector< Point>> contours;
findContours(img_threshold,
        contours, // a vector of contours
```

```
CV_RETR_EXTERNAL, // retrieve the external contours
CV_CHAIN_APPROX_NONE); // all pixels of each contours
```

對於偵測到的每個輪廓，擷取面積最小的外接矩形。OpenCV為這項任務提供了 minAreaRect 函數。這個函數回傳一個經過旋轉的 RotatedRect 矩形類別。然後，使用向量迭代器（vector iterator）迭代每個輪廓，我們可以得到旋轉後的矩形，並在對每個區域進行分類之前，進行一些初步的驗證：

```
//Start to iterate to each contour founded
vector<vector<Point>>::iterator itc= contours.begin();
vector<RotatedRect> rects;

//Remove patch that has no inside limits of aspect ratio and
area.
while (itc!=contours.end()) {
  //Create bounding rect of object
    RotatedRect mr= minAreaRect(Mat(*itc));
    if(!verifySizes(mr)){
    itc= contours.erase(itc);
    }else{
    ++itc;
    rects.push_back(mr);
  }
}
```

我們根據偵測區域的面積和長寬比，對偵測區域進行基本的驗證。如果長寬比約為 **520/110 = 4.727272**（車牌寬度除以車牌高度），誤差在 **40%** 之內，並且車牌高度在最小 15 像素到最大 125 像素之間，我們將認為這塊區域「可能是一個車牌」。這些值是根據圖像大小和攝影機的位置所計算的：

```
bool DetectRegions::verifySizes(RotatedRect candidate ){

float error=0.4;
  //Spain car plate size: 52x11 aspect 4,7272
const float aspect=4.7272;
  //Set a min and max area. All other patchs are discarded
int min= 15*aspect*15; // minimum area
int max= 125*aspect*125; // maximum area
  //Get only patches that match to a respect ratio.
```

```
float rmin= aspect-aspect*error;
float rmax= aspect+aspect*error;

int area= candidate.size.height * candidate.size.width;
float r= (float)candidate.size.width /
(float)candidate.size.height;
if(r<1)
    r= 1/r;

if(( area < min || area > max ) || ( r < rmin || r > rmax )){
    return false;
}else{
    return true;
  }
}
```

我們可以利用車牌「白色背景的特性」來得到更多的改善。所有車牌都有相同的背景顏色，而我們可以利用「泛洪填充演算法」來取得旋轉矩形，以進行精確的裁切。

裁切（crop）車牌的第一步是在「最後一個旋轉矩形中心」附近得到幾個種子（seeds）。然後，我們將取得在它寬度和高度之間的「最小車牌尺寸」，並利用它在補丁中心附近產生隨機的種子。

我們想要選擇白色區域，而我們需要幾顆種子來碰觸至少一個白色像素。然後，對每個種子，我們使用floodFill函數繪製一個「新的遮罩圖像」，來儲存新的最接近裁切區域：

```
for(int i=0; i< rects.size(); i++){
//For better rect cropping for each possible box
//Make floodfill algorithm because the plate has white background
//And then we can retrieve more clearly the contour box
  ircle(result, rects[i].center, 3, Scalar(0,255,0), -1);
//get the min size between width and height
  float minSize=(rects[i].size.width < rects[i].size.height)?
rects[i].size.width:rects[i].size.height;
minSize=minSize-minSize*0.5;
//initialize rand and get 5 points around center for floodfill
algorithm
srand ( time(NULL) );
//Initialize floodfill parameters and variables
```

```
Mat mask;
mask.create(input.rows + 2, input.cols + 2, CV_8UC1);
mask= Scalar::all(0);
int loDiff = 30;
int upDiff = 30;
int connectivity = 4;
int newMaskVal = 255;
int NumSeeds = 10;
Rect ccomp;
int flags = connectivity + (newMaskVal << 8 ) +
CV_FLOODFILL_FIXED_RANGE + CV_FLOODFILL_MASK_ONLY;
for(int j=0; j<NumSeeds; j++){
Point seed;
seed.x=rects[i].center.x+rand()%(int)minSize-(minSize/2);
seed.y=rects[i].center.y+rand()%(int)minSize-(minSize/2);
circle(result, seed, 1, Scalar(0,255,255), -1);
int area = floodFill(input, mask, seed, Scalar(255,0,0), &ccomp,
Scalar(loDiff, loDiff, loDiff), Scalar(upDiff, upDiff, upDiff),
flags);
```

floodFill 函數從種子點開始，將連通區域填上顏色，存入遮罩圖像之中，並「設定」要填充的像素與鄰近像素或種子像素之間「最大的上、下亮度以及顏色差異」：

> **intfloodFill(InputOutputArray image, InputOutputArray mask, Point seed, Scalar newVal, Rect* rect=0, Scalar loDiff=Scalar(), Scalar upDiff=Scalar(), int flags=4)**

newval 參數是我們在填充圖像時要填入的新顏色。參數 loDiff 和 upDiff 是要填充的像素與鄰近像素或種子像素之間「最大的上、下亮度或顏色差異」。

參數 flag 是以下位元的組合：

- **低位元（Lower bits）**：這些位元包含了函數中所使用的連通值：4（預設）或8。連通值決定了像素的哪些鄰居需要納入考慮。

- **高位元（Upper bits）**：這些位元可以是0，也可以是以下值的組合：CV_FLOODFILL_FIXED_RANGE 和 CV_FLOODFILL_MASK_ONLY。

CV_FLOODFILL_FIXED_RANGE 設定當前像素和種子像素之間的差值。CV_FLOODFILL_MASK_ONLY 只會填充圖像遮罩，而不會改變圖像本身。

一旦我們有了裁切遮罩，我們將可以從圖像遮罩點得到一個最小矩形區域，並再次檢查大小有效性。取得每一個白色遮罩點的位置，並使用 minAreaRect 函數來計算最接近的裁切區域：

```
//Check new floodfill mask match for a correct patch.
//Get all points detected for get Minimal rotated Rect
vector<Point> pointsInterest;
Mat_<uchar>::iterator itMask= mask.begin<uchar>();
Mat_<uchar>::iterator end= mask.end<uchar>();
for( ; itMask!=end; ++itMask)
  if(*itMask==255)
    pointsInterest.push_back(itMask.pos());
RotatedRect minRect = minAreaRect(pointsInterest);
if(verifySizes(minRect)){
```

分割過程完成，而我們得到了一些有效的區域。現在，我們可以裁切每個偵測到的區域、刪除可能的旋轉、裁切圖像區域、調整圖像大小，並平衡裁切圖像區域的光源。

首先，我們需要使用 getRotationMatrix2D 產生變換矩陣，以消除偵測區域中可能的旋轉。我們需要注意高度，因為 RotatedRect 可能在回傳時被旋轉了 90 度。因此，我們需要檢查矩形的比例，如果它小於 1，我們需要將它旋轉 90 度：

```
//Get rotation matrix
float r= (float)minRect.size.width / (float)minRect.size.height;
float angle=minRect.angle;
if(r<1)
angle=90+angle;
Mat rotmat= getRotationMatrix2D(minRect.center, angle,1);
```

有了變換矩陣，我們現在可以利用仿射變換（affine transformation）來旋轉輸入的圖像。在幾何學中，仿射變換是一種將平行線轉換為平行線的變換。我們將使用 warpAffine 函數，設置輸入和目標圖像、變換矩陣、輸出尺寸（在這裡和輸入一樣），以及使用的內插法。如果需要，我們也可以定義邊界方法和邊界值：

```
//Create and rotate image
Mat img_rotated;
warpAffine(input, img_rotated, rotmat, input.size(),
CV_INTER_CUBIC);
```

旋轉圖像後，我們將使用 getRectSubPix 裁切圖像，它將裁切並複製圖像中「以某一點為中心」的寬和高。如果圖像被旋轉，我們需要使用 C++ swap 函數來改變寬度和高度：

```
//Crop image
Size rect_size=minRect.size;
if(r < 1)
swap(rect_size.width, rect_size.height);
Mat img_crop;
getRectSubPix(img_rotated, rect_size, minRect.center,
img_crop);
```

裁切後的圖像不適合用於訓練和分類，因為它們的尺寸並不相同。此外，每幅圖像含有不同的光照條件，使它們更加不同。為了解決這個問題，我們將所有的圖像調整到相同的寬度和高度，並應用一個光照直方圖等化（light histogram equalization）：

```
Mat resultResized;
resultResized.create(33,144, CV_8UC3);
resize(img_crop, resultResized, resultResized.size(), 0, 0,
INTER_CUBIC);
//Equalize croped image
Mat grayResult;
cvtColor(resultResized, grayResult, CV_BGR2GRAY);
blur(grayResult, grayResult, Size(3,3));
equalizeHist(grayResult, grayResult);
```

對每個偵測到的區域，我們將裁切後的圖像及其位置儲存在一「向量」中：

```
output.push_back(Plate(grayResult,minRect.boundingRect()));
```

分類

在進行預處理並分割出圖像所有可能的部分之後，我們現在需要確認每個部分是否為一個車牌。為此，我們將使用**支援向量機演算法**。

支援向量機（SVM）是一種圖形識別演算法，它被包含在最初為二元分類所建立的「監督式學習演算法」家族之中。監督式學習是「利用標籤資料」進行訓練的機器學習演算法技術。我們須要使用一定數量的「被標籤資料」來訓練演算法；每個資料集都需要有一個類別。

SVM 建立一個或多個超平面，用於區分每一類別的資料。

一個典型的例子是定義兩個類別的 2D 點集；SVM 將會搜尋「能夠區分兩個類別的最佳直線」：

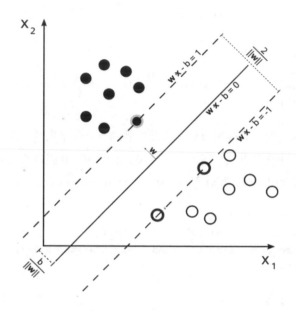

在進行任何分類之前的首要任務是「訓練分類器」；這是一項在主應用程式之前進行的工作，稱爲「離線訓練」（offline training）。這不是一項簡單的工作，因爲它需要足夠的資料來訓練系統，但是更大的資料集「不一定」代表最好的結果。在我們的例子之中，我們沒有足夠的資料，因爲沒有公開的車牌資料庫。因此，我們需要拍攝上百張汽車照片，然後對它們全部進行預處理和分割。

我們將用「75 張車牌圖像」和「35 張無車牌圖像」來訓練我們的系統，其中包含 144x33 像素的解析度。我們可以在下圖中看到這些資料的範例。這不是一個大資料集，但足以讓我們的章節得到不錯的結果。在實際應用之中，我們會需要更多資料來進行訓練：

為了便於理解機器學習的運作原理，我們將繼續使用「分類器演算法」的「圖像像素特徵」。記住，訓練 SVM 有更好的方法和特徵，如**主成分分析**（Principal Components Analysis；PCA）、傅立葉轉換（Fourier transform）和紋理分析等等。

為了產生影像來訓練我們的系統，我們需要使用 DetectRegions 類別，並將 savingRegions 變數設為 **true** 來儲存影像。我們可以使用 segmentAllFiles.sh bash 腳本，在一資料夾中的所有影像檔上「重複執行此程序」。這可以從本書附帶的原始碼素材中取得。

為了使這更容易，我們把所有經過處理和準備的「圖像訓練資料」儲存到一個 XML 檔中，以便直接與 SVM 函數一起使用。trainSVM.cpp 應用程式將會使用資料夾和影像檔的數量來建立這個檔案。

> **TIP** 機器學習 OpenCV 演算法的訓練資料儲存在一個 NxM 矩陣之中，有 N 個樣本和 M 個**特徵**。每個資料集被儲存為訓練矩陣中的一列。類別被儲存在另一個 nx1 **大小**的矩陣之中，其中每個類別由一個浮點數來代表。

OpenCV 的 FileStorage 類別提供簡單的方法來管理 XML 或 YAML 格式的資料檔案。這個類別允許我們儲存和讀取 OpenCV 變數、結構或者自訂變數。透過這個函數，我們可以讀取「訓練資料矩陣」和「訓練類別」，並將它們保存在 SVM_TrainingData 和 SVM_Classes 之中：

```
FileStorage fs;
fs.open("SVM.xml", FileStorage::READ);
```

```
Mat SVM_TrainingData;
Mat SVM_Classes;
fs["TrainingData"] >>SVM_TrainingData;
fs["classes"] >>SVM_Classes;
```

現在，我們的訓練資料在 SVM_TrainingData 變數中，而標籤在 SVM_Classes 中。然後，我們只需要建立連接資料和標籤的訓練資料物件，以便在機器學習演算法中使用。為此，我們將使用 TrainData 類別作為 OpenCV 指標類別 Ptr，如下所示：

```
Ptr<TrainData> trainData = TrainData::create(SVM_TrainingData,
ROW_SAMPLE, SVM_Classes);
```

我們將使用 SVM 類別建立分類器物件，同樣作為 OpenCV 類別 Ptr：

```
Ptr<SVM> svmClassifier = SVM::create()
```

現在，我們需要設置 SVM 參數，以定義 SVM 演算法中使用的基本參數。要做到這一點，我們只需要改變一些物件變數。經過不同的實驗，我們將選擇下一個參數的設置：

```
svmClassifier-
>setTermCriteria(TermCriteria(TermCriteria::MAX_ITER, 1000,
0.01));
svmClassifier->setC(0.1);
svmClassifier->setKernel(SVM::LINEAR);
```

我們選擇了 1000 次迭代運算進行訓練、一個 0.1 的 C param 變數最佳化，最後還有一個內核函數。

我們只需要使用 train 函數和訓練資料來訓練我們的分類器：

```
svmClassifier->train(trainData);
```

現在我們的分類器已經準備好使用 SVM 類別的「predict 函數」來預測可能的裁切圖像；這個函數回傳**類別辨識符** i。我們的範例用 **1** 來標記車牌類別，用 **0** 來標記非車牌類別。然後，對於每個偵測到「可能是車牌」的區域，我們使用 SVM 將其分類為車牌或者非車牌，並只保存正確的回應。以下程式碼是稱之為線上處理（online processing）的主應用程式的一部分：

```
vector<Plate> plates;
for(int i=0; i< posible_regions.size(); i++)
{
Mat img=posible_regions[i].plateImg;
Mat p= img.reshape(1, 1);//convert img to 1 row m features
p.convertTo(p, CV_32FC1);
int response = (int)svmClassifier.predict( p );
if(response==1)
plates.push_back(posible_regions[i]);
}
```

車牌辨識

車牌辨識的第二步是利用「光學字元辨識」取得車牌字元。對每個偵測到的車牌,我們進一步將其「分割」來得到每個字元,並使用「人工神經網路機器學習演算法」來辨識字元。此外,在本節中,您將學到如何「評估」分類演算法。

OCR 分割

首先,我們將得到一個車牌圖像補丁,用它作為帶有「等化直方圖」的 OCR 分割函數的「輸入」。然後我們只需要應用一個臨界值濾波器,並使用這個臨界值圖像作為「輪廓搜尋演算法」的輸入。我們可以在下圖中觀察到這個過程:

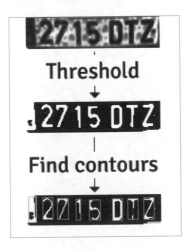

這個分割過程的程式碼如下：

```
Mat img_threshold;
threshold(input, img_threshold, 60, 255, CV_THRESH_BINARY_INV);
if(DEBUG)
imshow("Threshold plate", img_threshold);
Mat img_contours;
img_threshold.copyTo(img_contours);
//Find contours of possibles characters
vector< vector< Point>> contours;
findContours(img_contours,
    contours, // a vector of contours
    CV_RETR_EXTERNAL, // retrieve the external contours
    CV_CHAIN_APPROX_NONE); // all pixels of each contours
```

我們使用 CV_THRESH_BINARY_INV 參數來反轉臨界值輸出，透過將白色輸入值轉爲黑色，並將黑色輸入值轉爲白色。爲了得到每個字元的輪廓，這是必須的，因爲輪廓演算法尋找的是白色像素。

對每一個偵測到的輪廓，我們可以進行尺寸驗證，去除所有尺寸較小或比例不正確的區域。在我們的例子中，字元比例爲 **45/77**，而對於旋轉或扭曲的字元，我們可以接受 **35%** 的比例錯誤。如果一個區域高於 **80%**，我們將認爲該區域是一個黑色區塊，而不是字元。針對面積的計算，我們可以使用 countNonZero 函數來計算**大於 0** 的像素數量：

```
bool OCR::verifySizes(Mat r){
    //Char sizes 45x77
float aspect=45.0f/77.0f;
float charAspect= (float)r.cols/(float)r.rows;
float error=0.35;
float minHeight=15;
float maxHeight=28;
    //We have a different aspect ratio for number 1, and it can be
    ~0.2
  float minAspect=0.2;
float maxAspect=aspect+aspect*error;
    //area of pixels
float area=countNonZero(r);
    //bb area
float bbArea=r.cols*r.rows;
```

```
    //% of pixel in area
float percPixels=area/bbArea;
if(percPixels < 0.8 && charAspect > minAspect && charAspect <
maxAspect && r.rows >= minHeight && r.rows < maxHeight)
    return true;
  else
    return false;
}
```

如果一個分割字元通過了驗證，我們必須對它進行預處理（preprocess），爲所有字元設置相同的大小和位置，並透過一個輔助類別 CharSegment 將它保存在一個向量之中。這個類別保存了「分割後的字元圖像」以及「排序字元所需的位置」，因爲輪廓搜尋演算法「並不會」按照正確和需要的順序回傳輪廓。

特徵擷取

對於每個分割後的字元，下一步是擷取特徵，並對人工神經網路演算法進行訓練和分類。

與車牌偵測不同，SVM 中所使用的特徵擷取步驟「並不會」使用所有的圖像像素。我們將應用在 OCR 中更常見的特徵，它包含水平和垂直累積直方圖，以及低解析度圖像樣本。在下圖中，我們可以更生動地看到這個特徵，每幅圖都有一個低解析度的 **5x5** 圖像和直方圖累加（histogram accumulations）：

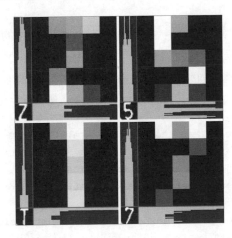

對每個字元，我們將使用 countNonZero 函數計算一行或一列中「帶有非零值的像素數量」，並將其儲存在名為 mhist 的新資料矩陣之中。為了將它正規化，我們會使用 minMaxLoc 函數在資料矩陣中尋找最大值，並使用 convertTo 函數將 mhist 中所有元素「除以」該最大值。我們將建立 ProjectedHistogram 函數來建立「累積直方圖」，它將以一張二元圖像和我們所需要的直方圖類型（水平或垂直）作為輸入：

```cpp
Mat OCR::ProjectedHistogram(Mat img, int t)
{
int sz=(t)?img.rows:img.cols;
Mat mhist=Mat::zeros(1,sz,CV_32F);

for(int j=0; j<sz; j++){
Mat data=(t)?img.row(j):img.col(j);
mhist.at<float>(j)=countNonZero(data);
}

//Normalize histogram
double min, max;
minMaxLoc(mhist, &min, &max);
if(max>0)
mhist.convertTo(mhist,-1 , 1.0f/max, 0);

return mhist;
}
```

其他特徵使用低解析度的樣本圖像。我們將建立一個低解析度的字元，例如 **5x5 字元**，而不是使用整個字元圖像。我們將以 5x5、10x10、15x15 和 20x20 字元對系統進行訓練，然後評估「哪一個回傳了最佳的結果」，以便在我們的系統之中使用它。一旦我們有了所有的特徵，我們將建立一個「每一列有 **M** 行的矩陣」，其中每行代表一個特徵：

```cpp
Mat OCR::features(Mat in, int sizeData){
   //Histogram features
Mat vhist=ProjectedHistogram(in,VERTICAL);Mat
hhist=ProjectedHistogram(in,HORIZONTAL);
   //Low data feature
Mat lowData;resize(in, lowData, Size(sizeData, sizeData) );
int numCols=vhist.cols + hhist.cols + lowData.cols *
lowData.cols;
Mat out=Mat::zeros(1,numCols,CV_32F);
```

```
   //Asign values to feature
int j=0;
for(int i=0; i<vhist.cols; i++){
  out.at<float>(j)=vhist.at<float>(i); j++;}
for(int i=0; i<hhist.cols; i++){
  out.at<float>(j)=hhist.at<float>(i);
  j++;}
for(int x=0; x<lowData.cols; x++){
 for(int y=0; y<lowData.rows; y++){
  out.at<float>(j)=(float)lowData.at<unsigned char>(x,y);
  j++;
  }
 }
return out;
}
```

OCR 分類

在分類步驟中，我們使用人工神經網路機器學習演算法，具體來說，即**多層感知器**（**Multi-Layer Perceptron；MLP**），這是最常用的 ANN 演算法。

MLP 由神經元的網路組成，具有一輸入層、一輸出層以及一或多個隱藏層。每一層都有「一或多個神經元」與前一層和後一層相連。

下面的例子是一個三層感知器（它是一個二元分類器，將一個實數向量輸入「映射」至一個二元值輸出）；它有三個輸入，兩個輸出，而隱藏層則包括五個神經元：

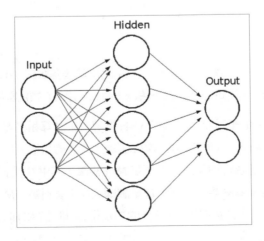

MLP 中的所有神經元都是相似的，它們都有數個輸入（之前連結的神經元）和數個具有相同值的輸出連結（下一個連結的神經元）。每個神經元計算「加權輸入的總和」，並加上一偏項（bias term）來作爲輸出，然後透過選定的激勵函數（activation function）進行轉換：

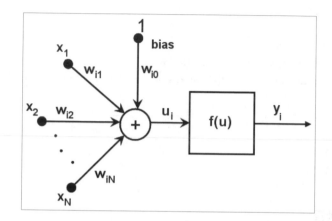

有三種被廣泛使用的激勵函數：恆等函數（Identity）、Sigmoid 函數和高斯函數。最常見並作爲預設的激勵函數是 Sigmoid 函數；它有一個設置爲 1 的 alpha 和 beta 值：

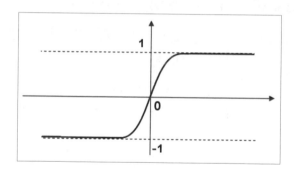

經過 ANN 訓練的網路具有特徵的輸入向量；它將值傳遞給隱藏層，並使用「權重」和「激勵函數」計算結果。然後它將輸出進一步向下傳遞，直到抵達具有類別數量神經元的輸出層。

每一層、突觸和神經元的權重將透過訓練 ANN 演算法來計算和學習。爲了訓練分類器，我們將建立兩個資料矩陣，就像我們在 SVM 訓練中所做的那樣，但是訓練標籤則有點不同。我們將使用「標籤編號識別符」，而不是 **Nx1 矩陣**，其中 N 代表訓練資料列，1 代表行。我們需要建立一個 **NxM 矩陣**，其中 N 是訓練或樣本資料數，M 是類別數（本例中是 10 個數字加 20 個字母），然後如果資料列 i 的類別是 j，則將 i 和 j 的位置設爲 **1**：

$$\begin{vmatrix} 1 & 0 & 0 & \cdots & 0 & 0 \\ 1 & 0 & 0 & \cdots & 0 & 0 \\ 0 & 1 & 0 & \cdots & 0 & 0 \\ 0 & 1 & 0 & \cdots & 0 & 0 \\ 0 & 1 & 0 & \cdots & 0 & 0 \\ \cdots & \cdots & \cdots & \cdots & \cdots & \cdots \\ 0 & 0 & 0 & \cdots & 0 & 1 \\ 0 & 0 & 0 & \cdots & 0 & 1 \\ 0 & 0 & 0 & \cdots & 0 & 1 \end{vmatrix}$$

我們將建立一個 OCR::train 函數來建立所有需要的矩陣和訓練我們的系統,並使用「訓練資料矩陣、類別矩陣和隱藏層中的隱藏神經元數量」作為輸入。訓練資料是從 XML 檔載入的,就像我們在 SVM 訓練中所做的那樣。

我們必須定義每層中的神經元數量來初始化 ANN 類別。在我們的範例中,我們將只使用一個隱藏層。然後,我們將定義一個一列三行的矩陣,第一行是特徵數量,第二行是隱藏層的隱藏神經元數量,第三行則是類別數量。

OpenCV 為 ANN 定義了一個 ANN_MLP 類別。使用 create 函數,我們可以初始化類別指標,然後定義「層和神經元的數量」以及「激勵函數」。然後我們可以像 SVM 那樣建立「訓練資料」以及「訓練方法的 alpha 和 beta 參數」:

```
void OCR::train(Mat TrainData, Mat classes, int nlayers){
Mat_<int> layerSizes(1, 3);
layerSizes(0, 0) = data.cols;
layerSizes(0, 1) = nlayers;
layerSizes(0, 2) = numCharacters;
ann= ANN_MLP::create();
ann->setLayerSizes(layerSizes);
ann->setActivationFunction(ANN_MLP::SIGMOID_SYM, 0, 0);
ann->setTrainMethod(ANN_MLP::BACKPROP, 0.0001, 0.0001);

//Prepare trainClases
//Create a mat with n trained data by m classes
Mat trainClasses;
trainClasses.create( TrainData.rows, numCharacters, CV_32FC1 );
for( int i = 0; i <trainClasses.rows; i++ )
```

```
{

    for( int k = 0; k < trainClasses.cols; k++ )
    {
      //If class of data i is same than a k class
    if( k == classes.at<int>(i) )
      trainClasses.at<float>(i,k) = 1;
        else
          trainClasses.at<float>(i,k) = 0;
    }
  }

  Ptr<TrainData> trainData = TrainData::create(data, ROW_SAMPLE,
  trainClasses);
  //Learn classifier
    ann->train( trainData );
}
```

訓練之後，我們可以使用 OCR::classify 函數對任何分割後的車牌特徵進行分類：

```
int OCR::classify(Mat f){
int result=-1;
Mat output;
ann.predict(f, output);
Point maxLoc;
double maxVal;
minMaxLoc(output, 0, &maxVal, 0, &maxLoc);
//We need know where in output is the max val, the x (cols) is
the class.
return maxLoc.x;
}
```

ANN_MLP 類別使用 predict 函數對類別中的特徵向量進行分類。但與 SVM 的 classify 函數不同，ANN predict 函數回傳一列，其長度等於類別的數量，並帶有「輸入特徵屬於每個類別」的機率。

為了得到最好的結果，我們可以使用 minMaxLoc 函數來得到最大和最小的回應，以及它們在矩陣中的位置。我們的字元類別將由最大值的 x 位置決定：

為了完成偵測到的每一個車牌，我們對其字元進行排序，並透過 Plate 類別的 str() 函數回傳一字串，然後我們可以將它繪製在原始圖像上：

```
string licensePlate=plate.str();
rectangle(input_image, plate.position, Scalar(0,0,200));
putText(input_image, licensePlate, Point(plate.position.x,
plate.position.y), CV_FONT_HERSHEY_SIMPLEX, 1,
Scalar(0,0,200),2);
```

評估

我們的專案完成了。然而，當我們訓練像 OCR 這樣的機器學習演算法時，我們需要知道應該使用的「最佳特徵和參數」，以及如何改正我們系統中的「分類、辨識和偵測錯誤」。

我們必須在不同情況和參數中評估我們的系統，並評估產生的錯誤，以便獲得「能夠將這些錯誤最小化」的最佳參數。

本章我們用這些變數來評估 OCR 任務：低解析度圖像特徵的尺寸，以及隱藏層中隱藏神經元的數量。

我們建立了 evalOCR.cpp 應用程式，使用 trainOCR.cpp 應用程式產生的 XML 訓練資料檔案。OCR.xml 檔中包含 5x5、10x10、15x15 和 20x20 降低取樣圖像特徵的訓練資料矩陣：

```
Mat classes;
Mat trainingData;
//Read file storage.
FileStorage fs;
fs.open("OCR.xml", FileStorage::READ);
```

```
fs[data] >> trainingData;
fs["classes"] >> classes;
```

評估應用程式取得每一個降低取樣矩陣特徵（downsampled matrix feature），並隨機取得 100 列來進行訓練，以及其他列來測試 ANN 演算法和檢查錯誤。

在訓練系統之前，我們對每個隨機樣本進行測試，並檢查回應是否正確，如果回應不正確，我們便增加「錯誤計數器變數」。最後，我們用錯誤數「除以」要評估的樣本數，得到 0 到 1 之間的實數，代表以隨機資料進行訓練的「錯誤率」：

```
float test(Mat samples, Mat classes){
float errors=0;
for(int i=0; i<samples.rows; i++){
  int result= ocr.classify(samples.row(i));
  if(result!= classes.at<int>(i))
  errors++;
}
return errors/samples.rows;
}
```

應用程式會將每個樣本大小的「錯誤率」輸出到命令列上。為了一個好的評估，我們必須使用不同的「隨機訓練列」來訓練應用程式。這會產生不同的測試錯誤值。然後，我們可以把所有的誤差加起來，並計算一個平均值。為了達成這個任務，我們將建立 bash UNIX 腳本來將它自動化：

```
#!/bin/bash
echo "#ITS t 5 t 10 t 15 t 20">data.txt
folder=$(pwd)

for numNeurons in 10 20 30 40 50 60 70 80 90 100 120 150 200 500
do
s5=0;
s10=0;
s15=0;
s20=0;
for j in {1..100}
do
echo $numNeurons $j
a=$($folder/build/evalOCR $numNeurons TrainingDataF5)
```

```
s5=$(echo "scale=4; $s5+$a" | bc -q 2>/dev/null)

a=$($folder/build/evalOCR $numNeurons TrainingDataF10)
s10=$(echo "scale=4; $s10+$a" | bc -q 2>/dev/null)

a=$($folder/build/evalOCR $numNeurons TrainingDataF15)
s15=$(echo "scale=4; $s15+$a" | bc -q 2>/dev/null)

a=$($folder/build/evalOCR $numNeurons TrainingDataF20)
s20=$(echo "scale=4; $s20+$a" | bc -q 2>/dev/null)
done

echo "$i t $s5 t $s10 t $s15 t $s20"
echo "$i t $s5 t $s10 t $s15 t $s20">>data.txt
done
```

這個腳本儲存一個 `data.txt` 檔,包含每個大小和隱藏層神經元數量的所有結果。這個檔案可用於 **gnuplot** 繪圖。結果如下圖所示:

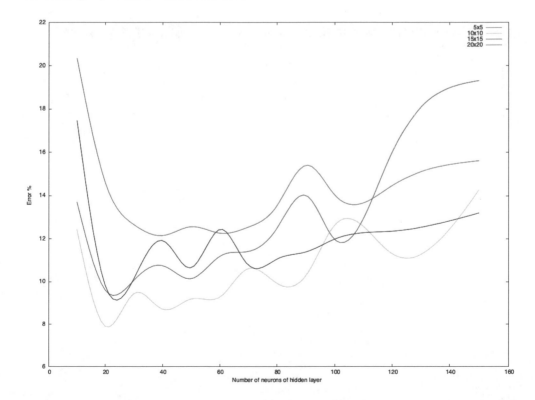

我們可以看到，最小的誤差超過 **8%**，使用 **20** 個隱藏層神經元，以及從縮小至 **10x10** 的**圖像補丁**之中所擷取的字元特徵。

總結

在本章中，你學到了車牌自動辨識程式的運作原理，以及它的兩個重要步驟：車牌定位和車牌辨識。

在第一個步驟中，你學到了如何分割圖像、尋找可能是車牌的補丁，並使用「簡單的經驗法則」和「SVM 演算法」將補丁二元分類爲**車牌**和**非車牌**。

在第二個步驟中，你學到了如何使用「輪廓搜尋演算法」進行分割，從每個字元中擷取特徵向量，並使用 ANN 對字元類別中的每個特徵進行分類。

你還學到了如何使用「隨機樣本」進行訓練，並使用不同的參數和特性來評估機器演算法。

在下一章中，你將學會如何使用特徵臉（eigenfaces）建立一個人臉辨識應用程式。

4

非剛性人臉追蹤

非剛性人臉追蹤（也就是對「視訊串流中的每一幀」進行「半密集人臉特徵集合」的估計）是一個難題。現代的方法借鑒了許多相關領域的思想，包括電腦視覺、計算幾何、機器學習和影像處理。這裡的非剛性（Non-rigidity）是指「臉部特徵之間的相對距離」會因臉部表情和族群而異，且不同於人臉偵測和追蹤；目標只是找到每一幀中「人臉的位置」，而不是「臉部特徵的配置」。非剛性人臉追蹤（Non-rigid face tracking）是一個已經被研究了二十多年的熱門主題，但直到最近各種方法才變得足夠強健，處理器也足夠快速，使得建立商業應用程式成為可能。

雖然「商用人臉追蹤」相當複雜，對經驗豐富的電腦視覺科學家也會是個挑戰，但在這一章中，我們將看到一個「在限定條件下」表現不錯的人臉追蹤器，可以使用「合適的數學工具」和 OpenCV 中可靠的「線性代數、影像處理和視覺化功能」來設計。特別是當我們事先知道被追蹤的人選，並可以取得包含「圖像」和「地標注釋」的訓練資料時。接下來要描述的技術將作為一個有用的起點，並作為進一步研究「更精細的人臉追蹤系統」的嚮導。

本章大綱如下：

- **概述（Overview）**：本節將介紹人臉追蹤的簡要歷史。
- **工具程式（Utilities）**：本節將概述本章中使用的常見結構和習慣，包括物件導向設計、資料儲存和表徵，以及一個用於資料收集和注釋的工具。

- **幾何限制（Geometrical constraints）**：本節描述如何從訓練資料中學習臉部幾何及其變化，並在追蹤過程中利用它們來限縮可能的解答。這包括「如何將人臉建模為一個線性形狀模型」，以及「如何將全域轉換整合到它的表徵之中」。

- **人臉特徵偵測器（Facial feature detectors）**：本節描述如何學習人臉特徵的外觀，以便在人臉追蹤的圖像中偵測它們。

- **人臉偵測和初始化（Face detection and initialization）**：本節描述如何使用人臉偵測來初始化追蹤過程。

- **人臉追蹤（Face tracking）**：本節透過影像對準程序，將前面描述的所有元件組合成一個追蹤系統，並討論系統在哪些設置下可以預期運作得最好。

下圖展示了系統各元件之間的關係：

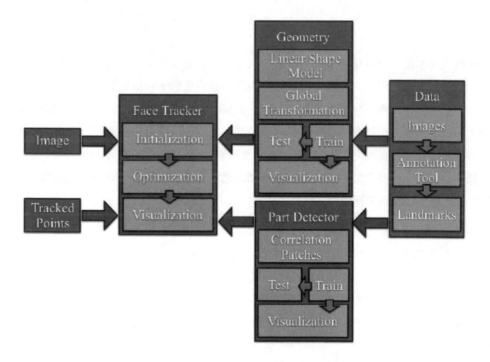

ℹ️ 請注意，本章中採用的所有方法都遵循資料驅動典範，即使用的所有模型都是「從資料中學習」，而不是像在規則導向設置中「以手工設計」。因此，系統的每個元件都將包含兩個部份：訓練（training）和測試（testing）。訓練階段從資料中建立模型，而測試階段則在新的、未見過的資料上運用這些模型。

概述

隨著 Cootes 和 Taylor 的**主動形狀模型**（Active Shape Models；ASM）的問世，非剛性人臉追蹤在 1990 年代初期至中期首次變得普及。從那時候開始，出現了許多致力於「解決通用人臉追蹤難題」的研究，而相較於原本 ASM 提出的方法，這些研究有了許多改進。第一個里程碑是 2001 年從 ASM 到**主動外觀模型**（Active Appearance Models；AAM）的擴充，同樣來自 Cootes 和 Taylor。這個方法後來在 2000 年中期透過 Baker 和其同事的「影像處理原則」被加以正式化。這些發展路線的另一條支線是 Blanz 和 Vetter 的 **3D 可變形模型**（3D morphable model；3DMM），它和 AAM 一樣，不但將影像「質地建模」（不像在 ASM 中「僅沿著物件邊緣描繪」），而且還更進一步使用「雷射掃描臉部」得到的「高密度 3D 資料」來代表模型。2000 年代中期到後期，人臉追蹤的研究重點從「如何將人臉參數化」，轉向「如何提出並最佳化追蹤演算法的目標」。來自機器學習社群的各種技術被加以運用，並獲得不同程度的成果。自世紀之交以來，焦點再次轉移，這次轉向了確保解決方案能夠全球通用的「共同參數」和「目標設計策略」。

儘管人臉追蹤的研究還持續熱烈地進行，使用它的「商業應用」卻相對稀少。即使有許多免費的原始碼套件提供了常見的技術，業餘人士和愛好者對這些技術的採用卻同樣有一段時間的落後。即便如此，在過去的兩年內，社會大眾對人臉追蹤的潛在應用重新產生了興趣，商業級的產品也開始出現。

工具程式

在深入研究錯綜複雜的人臉追蹤技術之前，必須先介紹所有人臉追蹤技術共通的一些簿記任務和習慣。本節剩下的部分將處理這些問題。感興趣的讀者可能會希望在第一次閱讀時跳過這部分，直接進入「幾何限制」的小節。

物件導向設計

與人臉偵測和辨識一樣，就程式上來說，人臉追蹤由兩個部分所組成：資料和演算法。演算法通常透過參考預先儲存（即離線）的資料作為指南，對傳入（即連線）資料執行某

種操作。因此，「將演算法與它們所依賴的資料耦合」的物件導向設計，就是一種方便的設計選擇。

在 OpenCV v2.x 中，加入了一個方便的 XML/YAML 檔案儲存類別，它大幅簡化了離線資料組織工作，以便演算法使用。為了有效利用這個功能，本章中描述的所有類別都將實作「讀寫序列化函數」。下面是一個虛構類別 foo 的例子：

```cpp
#include <opencv2/opencv.hpp>
using namespace cv;
class foo {
  public:
  Mat a;
  type_b b;
  void write(FileStorage &fs) const{
    assert(fs.isOpened());
    fs<< "{" << "a" << a << "b" << b << "}";
  }
  void read(const FileNode& node){
    assert(node.type() == FileNode::MAP);
    node["a"] >> a; node["b"] >> b;
  }
};
```

在這裡，Mat 是 OpenCV 的 matrix 類別，type_b 則是一個（假想的）使用者定義的類別，同樣定義了序列化功能。I/O 函數 read 和 write 實作了序列化（serialization）。FileStorage 類別支援兩種可以序列化的資料結構。為了簡單起見，本章中所有的類別將只使用映射，其中儲存的每個變數將建立一個類別為 FileNode::MAP 的 FileNode 物件。這將需要為每個元素指派一個「唯一的鍵值」。儘管這個鍵值（key）的選擇是任意的，但是為了確保一致性，我們將使用變數名稱作為標籤。如上面的程式碼片段所示，read 和 write 函數採用一種特別簡單的形式，其中串流運算子（**<<** 和 **>>**）被用於「對 FileStorage 物件」插入和擷取資料。大多數 OpenCV 類別都有 read 和 write 函數的實作，允許我們輕鬆地儲存它們所包含的資料。

除了定義序列化函數之外，還必須再多定義兩個函數，FileStorage 類別的序列化才能成功運作，如下所示：

```
void write(FileStorage& fs, const string&, const foo& x) {
  x.write(fs);
}
void read(const FileNode& node, foo& x,const foo& default){
  if(node.empty())x = d; else x.read(node);
}
```

由於這兩個函數的功能在本節描述的所有類別中都是相同的，它們被「樣板化」和「定義」在本章附帶的原始碼中的「ft.hpp 標頭檔」之中。最後，為了方便地儲存和讀取含有序列化功能的使用者定義類別，在標頭檔中還實作了這些類別的樣板函數，如下所示：

```
template<class T>
T load_ft(const char* fname){
  T x; FileStorage f(fname,FileStorage::READ);
  f["ft object"] >> x; f.release(); return x;
}
template<class T>
void save_ft(const char* fname,const T& x){
  FileStorage f(fname,FileStorage::WRITE);
  f << "ft object" << x; f.release();
}
```

請注意，與物件有關的標籤都是相同的（即 ft object）。定義了這些函數後，儲存和讀取物件資料將是一個無痛的過程。這將透過下面的例子來展示：

```
#include "opencv_hotshots/ft/ft.hpp"
#include "foo.hpp"
int main() {
  ...
  foo A; save_ft<foo>("foo.xml",A);
  ...
  foo B = load_ft<foo>("foo.xml");
  ...
}
```

注意 .xml 副檔名會產生 XML 格式的資料檔案。對於任何其他副檔名，它預設為（更易於閱讀的）YAML 格式。

資料收集：圖像和視訊注釋

現代人臉追蹤技術幾乎完全是資料驅動的，也就是說，用於偵測圖像中人臉位置的演算法，是根據一組樣本中「人臉特徵外觀的模型」以及「它們的相對位置之間的幾何依賴關係」。樣本數量越大，演算法的表現就越強健，因為它們會更了解「人臉可能表現出的變化範圍」。因此，建立人臉追蹤演算法的第一步就是「建立一個圖像或視訊注釋工具」，讓使用者可以利用該工具指定每個樣本圖像中「想要的人臉特徵的位置」。

▌訓練資料類型

訓練人臉追蹤演算法的資料通常有四個部分：

- **圖像（Images）**：這部分是一批包含整個人臉的圖像（靜態圖像或視訊幀）的集合。為了獲得最佳效果，這個集合應該「被限制」在與後續部署追蹤器時「相同的條件類型」（即身分、照明、攝影機距離、擷取裝置等等）。同樣重要的是，集合中的人臉應該展示出「對應的應用程式」所預期的「頭部姿勢」和「臉部表情範圍」。

- **注釋（Annotations）**：這部分包含每張圖像中排序過的手工標籤位置，對應每個需要被追蹤的臉部特徵。臉部特徵越多，通常追蹤演算法就越強健，因為追蹤演算法可以利用它們的測量來強化彼此。一般追蹤演算法的「運算成本」通常和「人臉特徵的數量」成線性關係。

- **對稱索引（Symmetry indices）**：這部分對於每個臉部特徵點都有一個索引，定義了它的雙邊對稱特徵。這可以用來鏡射訓練圖像，相當於使訓練集的大小加倍，並使資料沿 **y 軸**對稱。

- **連通性索引（Connectivity indices）**：這部分具有一組「定義了臉部特徵的語義解釋」的注釋索引對。這些連接關係對於視覺化追蹤結果非常有用。

這四個部分的視覺化如下圖所示，從左到右依次為原始圖像、人臉特徵標注、彩色編碼的雙邊對稱點、鏡像圖像，以及標注和人臉特徵連通性：

爲了方便地管理這些資料，一個實作「儲存和存取功能」的類別會是個有用的元件。OpenCV ml 模組中的「CvMLData 類別」具有處理機器學習問題時經常使用的一般資料功能。然而，它缺少人臉追蹤資料所需要的功能。因此，在本章中我們將使用在 ft_data.hpp 標頭檔中宣告的「ft_data 類別」，它是專門針對人臉追蹤資料的特點所設計的。所有資料元素都被定義爲類別的公開成員，如下所示：

```
class ft_data{
  public:
  vector<int> symmetry;
  vector<Vec2i> connections;
  vector<string> imnames;
  vector<vector<Point2f>> points;
  ...
}
```

Vec2i 和 Point2f 類別分別是 OpenCV 中「雙整數向量」和「2D 浮點數座標」的類別。Symmetry 向量包含「和人臉上特徵點一樣多」的元素（由使用者定義）。connections 中每個元素都定義了一個「以零爲基礎的、連通臉部特徵的」索引對。由於訓練集可能非常大，此類別不直接儲存圖像，而是將每個圖像的檔案名稱儲存在 imnames 成員變數之中（注意，這需要圖像位於相同的相對路徑中，以便檔案名稱保持有效）。最後，針對每個訓練圖像，都有一組人臉特徵位置儲存爲「points 成員變數中的浮點數座標向量」。

ft_data 類別實作了許多方便的方法來存取資料。若要存取資料集中的圖像，get_image 函數可以讀取指定索引位置 idx 的圖像，並可以選擇將其沿著 **y 軸**鏡像投影，如下所示：

```
Mat
ft_data::get_image(
  const int idx, //index of image to load from file
  const int flag) { //0=gray,1=gray+flip,2=rgb,3=rgb+flip
```

```
            if((idx < 0) || (idx >= (int)imnames.size()))return Mat();
            Mat img,im;
            if(flag < 2) img = imread(imnames[idx],0);
            else img = imread(imnames[idx],1);
            if(flag % 2 != 0) flip(img,im,1);
            else im = img;
            return im;
        }
```

傳遞給 OpenCV imread 函數的 **(0,1) 旗標**指定了圖像是作爲「三通道彩色圖像讀取」還是作爲「單通道灰階圖像讀取」。傳遞給 OpenCV flip 函數的旗標指定沿著 **y 軸**的鏡像投影。

若要存取「特定索引處」圖像對應的點集合，可以使用 get_points 函數回傳一個浮點數座標向量，也可以選擇是否鏡射它們的索引，如下所示：

```
        vector<Point2f>
        ft_data::get_points(
        const int idx,   //index of image corresponding to points
        const bool flipped) {   //is the image flipped around the y-axis?
          if((idx < 0) || (idx >= (int)imnames.size()))
          return vector<Point2f>();
          vector<Point2f> p = points[idx];
          if(flipped){
            Mat im = this->get_image(idx,0); int n = p.size();
            vector<Point2f> q(n);
            for(int i = 0; i < n; i++){
              q[i].x = im.cols-1-p[symmetry[i]].x;
              q[i].y = p[symmetry[i]].y;
            } return q;
          } else return p;
        }
```

注意，當指定了鏡射旗標（mirroring flag）時，這個函數會呼叫 get_image 函數。爲了確定圖像的寬度，以便正確地鏡射臉部特徵座標，這是必要的。一種更有效率的方法是直接將圖像寬度作爲「變數」傳入。最後，在這個函數中展示了 symmetry 成員變數的作用。特定索引的「鏡像特徵位置」，就是 symmetry 變數中該索引的特徵位置，並將 **x 座標**翻轉再加上偏量後的結果。

如果指定的索引在資料集的索引之外，get_image 和 get_points 函數將都回傳空結構（empty structures）。也有可能不是所有集合中的圖像都有注釋。人臉追蹤演算法可以用來處理缺少的資料；然而，這些實作通常有些複雜，而且不在本章的討論範圍之內。ft_data 類別實作了一個函數，用於刪除集合中沒有對應注釋的樣本，如下所示：

```
void ft_data::rm_incomplete_samples(){
  int n = points[0].size(),N = points.size();
  for(int i = 1; i < N; i++)n = max(n,int(points[i].size()));
  for(int i = 0; i < int(points.size()); i++){
    if(int(points[i].size()) != n){
      points.erase(points.begin()+i);
      imnames.erase(imnames.begin()+i); i--;
    } else {
      int j = 0;
      for(; j < n; j++) {
        if((points[i][j].x <= 0) ||
        (points[i][j].y <= 0))break;
      }
      if(j < n) {
        points.erase(points.begin()+i);
        imnames.erase(imnames.begin()+i); i--;
      }
    }
  }
}
```

注釋數量最多的樣本被視為標準樣本（canonical sample）。所有點集合「小於」該點數量的資料實例都將「透過向量的 erase 函數」從集合之中移除。另外也請留意，(x, y) 座標「小於 1 的點」被認為是在對應的圖像中所遺失的（可能是由於遮擋、低能見度，或是模糊）。

ft_data 類別實作了序列化函數 read 和 write，因此可以輕鬆地儲存和讀取。比如說，儲存一個資料集可以簡單地完成如下：

```
ft_data D;  //instantiate data structure
...  //populate data
save_ft<ft_data>("mydata.xml",D);  //save data
```

爲了視覺化資料集，`ft_data` 實作了許多繪圖函數。`visualize_annotation.cpp` 中展示了它們的用途。這個簡單的程式「讀取」命令列指定的檔案中「所儲存的注釋資料」、刪除不完整的樣本，並「顯示訓練圖像」以及「疊加它們對應的注釋、對稱和連結」。這裡展示了 OpenCV 的 `highgui` 模組中一些值得注意的特性。儘管 OpenCV 的 `highgui` 模組相當簡陋，不適合複雜的使用者介面，但是它的功能對於「讀取並視覺化」電腦視覺應用程式中的「資料和演算法輸出」極爲有用。與其他電腦視覺函式庫相比，這可能是 OpenCV 最與眾不同的特點之一。

▌注釋工具

爲了協助產生本章程式碼所使用的注釋，可以在 `annotation.cpp` 檔中找到一個基本的注釋工具。此工具從檔案或攝影機「接收視訊串流」作爲輸入。使用此工具的步驟如下：

1. **擷取圖像（Capture images）**：在第一步中，圖像串流顯示在螢幕上，使用者按 **S 鍵**選擇要注釋的圖像。需要標注的最佳特徵集合是那些「盡可能包含人臉追蹤系統需要追蹤的所有臉部行爲」的特徵集合。

2. **注釋第一張圖像（Annotate first image）**：在第二步中，使用者將看到在上一步中選擇的第一張圖像。然後，使用者點擊圖像上需要追蹤的臉部特徵位置。

3. **注釋連結性（Annotate connectivity）**：在第三步中，爲了讓形狀視覺化更好，必須定義點的「連結性結構」。在這裡，使用者將看到和上一步相同的圖像，而現在的任務是依序點擊一組點對，以建立人臉模型的連結性結構。

4. **注釋對稱性（Annotate symmetry）**：在這一步中，仍然使用相同的圖像，使用者選擇展現出雙邊對稱的點對。

5. **注釋剩餘的圖像（Annotate remaining images）**：在最後一步中，過程和步驟二相似，不同的是使用者可以「瀏覽」這些圖像，並「非同步地」注釋它們。

感興趣的讀者可能會希望透過提高該工具的可用性來改善它，甚至可以整合一個增量學習程序，在每個追加的圖像被注釋之後「更新追蹤模型」，接著用它「初始化」這些點，以減少注釋的負擔。

儘管本章開發的程式碼可以使用一些公開可得的資料集（例如，請參閱下一節的描述），但是注釋工具可以用於建立「個人限定的人臉追蹤模型」，這些模型的性能通常比「對應的通用、多人模型」更好。

預先注釋的資料（MUCT 資料集）

開發人臉追蹤系統最大的阻礙之一，就是「對大量圖像（且每張圖像有大量的點）進行人工標注的過程」既繁瑣又容易出錯。為了簡化這個過程，以便繼續進行本章的作業，可以從 http://www/milbo.org/muct 下載公開可得的 **MUCT** 資料集。

該資料集由3755張帶有76個點地標的「人臉圖像」組成。資料集中對象的「年齡和種族」各不相同，並在「不同的光照條件和頭部姿勢下」拍攝。

要在本章的程式碼中使用 MUCT 資料集，請執行以下步驟：

1. **下載圖像集（Download the image set）**：在這個步驟中，下載檔案 muct-a-jpg-v1.tar.gz 到 muct-e-jpg- v1.tar.gz 並解壓縮，即可獲得資料集中的所有圖像。這將產生一個新資料夾，其中儲存所有的圖像。

2. **下載注釋（Download the annotations）**：在此步驟中，下載包含注釋的檔案 muct-landmark-v1.tar.gz。將此檔案儲存並解壓縮到下載圖像的資料夾之中。

3. **使用注釋工具定義連接和對稱**：在這一步中，從命令列發出命令 ./ annotate -m $mdir -d $odir，其中 $mdir 代表儲存 MUCT 資料集的資料夾，$odir 則代表檔案 annotations.yaml 將被儲存的資料夾，該檔案包含儲存為 ft_data 物件的資料。

> 在此強烈鼓勵讀者使用 MUCT 資料集，以獲得本章描述的「人臉追蹤程式碼功能」的快速入門。

幾何限制

在人臉追蹤中，幾何是指一組「預先定義的點」的空間配置，對應到實際人臉上一致的位置（如眼角、鼻尖和眉毛邊緣）。這些點的選擇和個別應用程式有關，有些應用程式需要超過100個點的高密度集合，而其他應用程式只需要很少的選擇。然而，人臉追蹤演算法的強健性通常會隨著點的數量「增加」而「提高」，因為它們各自的量測可以根據「相對空間相依性」來互相強化。例如，眼角的位置可以有效地指示出鼻子的位置。然而，透過「增加點的數量」來提高強健性是有極限的，性能通常會在大約100點之後「停滯」。

此外，增加用於描述人臉的點集會導致「計算複雜度」線性增加。因此，對計算負荷有嚴格限制的應用程式可能在「點較少的情況下」會運作得更好。

另外，在線上設置中，更快的追蹤速度通常會產生更準確的追蹤結果。這是因為當幀被丟失時，幀之間的「可見運動幅度」增加，而用於尋找每一幀中人臉結構的「最佳化演算法」將需要「搜尋更大空間的特徵點可能結構」。只是當幀與幀之間的位移過大時，這個過程通常會失敗。綜上所述，雖然有些一般性的指導原則說明了「如何設計臉部特徵點的選擇」才是最好的，但是，為了獲得最理想的性能，這個選擇應該隨著「應用程式的領域」進行特化（specialized）。

臉部幾何通常被參數化為兩個元素的組合：**全域變換**（global transformation；剛性）和**局部變形**（local deformation；非剛性）。全域變換代表圖像中人臉的「總體位置」，通常允許「沒有限制的改變」（也就是說，人臉可以出現在圖像中的任何位置）。這包括圖像中人臉的 **(x, y)** 位置、平面上的頭部旋轉，以及圖像中人臉的大小。另一方面，局部變形則代表了「不同身分和不同表情的臉部形狀之間的差異」。與全域變換相比，這些局部變形往往受到更多的限制，主要是由於臉部特徵的「高度結構化配置」。全域變換是 2D 座標的泛型函數，適用於任何類型的物件；而局部變形是限於特定物件的，必須從訓練資料集中學習。

在本節中，我們將描述如何建立一個臉部結構的幾何模型，在此稱為形狀模型（shape model）。根據應用程式的不同，它可以捕捉「單一個人的表情變化」、「族群中臉部形狀的差異」，或「兩者的組合」。這個模型是在 shape_model 類別中實作的，可以在檔案 shape_model.hpp 和 shape_model.cpp 中找到。下面的程式碼片段是 shape_model 類別標頭的一部分，強調了它的主要功能：

```
class shape_model { //2d linear shape model
  public:
  Mat p; //parameter vector (kx1) CV_32F
  Mat V; //linear subspace (2nxk) CV_32F
  Mat e; //parameter variance (kx1) CV_32F
  Mat C; //connectivity (cx2) CV_32S
  ...
  void calc_params(
  const vector<Point2f>&pts, //points to compute parameters
  const Mat &weight = Mat(), //weight/point (nx1) CV_32F
  const float c_factor = 3.0); //clamping factor
```

```
...
vector<Point2f> //shape described by parameters
calc_shape();
...
void train(
const vector<vector<Point2f>>&p, //N-example shapes
const vector<Vec2i>&con = vector<Vec2i>(),//connectivity
const float frac = 0.95, //fraction of variation to retain
const int kmax = 10); //maximum number of modes to retain
...
}
```

表徵人臉形狀變化的模型被編碼在**子空間矩陣 V 和變異向量 e** 之中，**參數向量 p** 則儲存了對模型形狀的編碼。**連通性矩陣 C** 也儲存在這個類別之中，只用於將人臉形狀的實例視覺化。這個類別中最值得關注的三個函數是 calc_params、calc_shape 和 train。calc_params 函數將一組點投影到可能的臉部空間上。它也可以選擇「爲每個要投影的點」提供獨立的可信度權重。calc_shape 函數利用人臉模型（**由 V 和 e 編碼**）將**參數向量 p** 解碼，產生一組點。train 函數從人臉形狀資料集中學習編碼模型，每個資料集由相同數量的點所組成。frac 和 kmax 參數是訓練過程中的參數，可以針對手上的資料進行特化。

這個類別的功能將在下面的小節中詳細介紹，我們會從介紹**普氏分析**開始（一種嚴格註冊點集的方法），接著介紹用於表徵局部變形的線性模型。train_shape_model.cpp 和 visualize_shape_model.cpp 檔中的程式分別對形狀模型進行了訓練和視覺化。它們的用法將在本節結尾概述。

普氏分析

爲了建立人臉形狀的變形模型，我們首先必須處理原始注釋過的資料，以刪除「與全域剛體運動相關的部分」。在 2D 幾何建模中，剛體運動（rigid motion）常以相似變換（similarity transform）作爲表徵；這包含了縮放、平面旋轉和平移。下圖說明相似變換所允許的運動類型。從一組點中「去除全域剛體運動」的過程，稱之爲**普氏分析**（ Procrustes analysis ）。

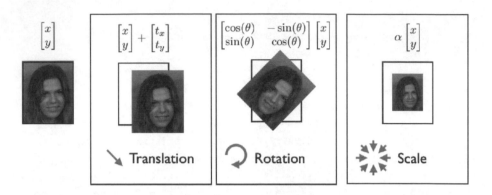

數學上來說，普氏分析的目標是同時找到一個「標準形狀」和「相似點」，並轉換每個資料實例，使它們與標準形狀保持一致。在此，一致程度將以「每個變換形狀和標準形狀之間的最小平方距離」來測量。在 shape_model 類別中實作了「達成這個目標的迭代程序」，如下所示：

```cpp
#define fl at<float>
Mat shape_model::procrustes (
const Mat &X, //interleaved raw shape data as columns
const int itol, //maximum number of iterations to try
const float ftol) //convergence tolerance
{
  int N = X.cols,n = X.rows/2; Mat Co,P = X.clone();//copy
  for(int i = 0; i < N; i++){
    Mat p = P.col(i); //i'th shape
    float mx = 0,my = 0; //compute centre of mass...
    for(int j = 0; j < n; j++) { //for x and y separately
        mx += p.fl(2*j); my += p.fl(2*j+1);
    }
    mx /= n; my /= n;
    for(int j = 0; j < n; j++) { //remove center of mass
        p.fl(2*j) -= mx; p.fl(2*j+1) -= my;
    }
  }
  for(int iter = 0; iter < itol; iter++) {
    Mat C = P*Mat::ones(N,1,CV_32F)/N; //compute normalized...
    normalize(C,C); //canonical shape
    if(iter > 0) { if(norm(C,Co) < ftol) break; } //converged?
    Co = C.clone(); //remember current estimate
```

```
      for(int i = 0; i < N; i++){
        Mat R = this->rot_scale_align(P.col(i),C);
        for(int j = 0; j < n; j++) { //apply similarity transform
          float x = P.fl(2*j,i), y = P.fl(2*j+1,i);
          P.fl(2*j ,i) = R.fl(0,0)*x + R.fl(0,1)*y;
          P.fl(2*j+1,i) = R.fl(1,0)*x + R.fl(1,1)*y;
        }
      }
    } return P; //returned procrustes aligned shapes
  }
```

該演算法首先減去每個形狀實例的質心，然後是一個迭代程序，交替進行計算標準形狀
（也就是所有形狀的正規化平均值），然後旋轉、縮放每個形狀，以便得到標準形狀的最
佳匹配。估計標準形狀的正規化步驟是必要的，為了修正問題的比例，並防止它將所有
形狀縮小到零。錨（anchor）的選擇是任意的；在這裡，我們選擇將**標準形狀向量 C** 的長
度強制設定為 1.0，這也是 OpenCV normalize 函數的預設行為。利用 rot_scale_align
函數，我們可以計算出將每個形狀實例和目前估計的標準形狀「匹配得最好」的平面旋
轉和縮放，如下所示：

```
Mat shape_model::rot_scale_align(
const Mat &src, //[x1;y1;...;xn;yn] vector of source shape
const Mat &dst) //destination shape
{
  //construct linear system
  int n = src.rows/2;
  float a=0, b=0, d=0;
  for(int i = 0; i < n; i++) {
    d+= src.fl(2*i)*src.fl(2*i )+src.fl(2*i+1)*src.fl(2*i+1);
    a+= src.fl(2*i)*dst.fl(2*i )+src.fl(2*i+1)*dst.fl(2*i+1);
    b+= src.fl(2*i)*dst.fl(2*i+1)-src.fl(2*i+1)*dst.fl(2*i );
  }
  a /= d; b /= d;//solve linear system
  return (Mat_<float>(2,2) << a,-b,b,a);
}
```

這個函數能「最小化」旋轉和標準形狀之間的最小平方差。數學上可以寫成：

$$\min_{a,b} \sum_{i=1}^{n} \left\| \begin{bmatrix} a & -b \\ b & a \end{bmatrix} \begin{bmatrix} x_i \\ y_i \end{bmatrix} - \begin{bmatrix} c_x \\ c_y \end{bmatrix} \right\|^2 \rightarrow \begin{bmatrix} a \\ b \end{bmatrix} = \frac{1}{\sum_{i}(x_i^2 + y_i^2)} \sum_{i=1}^{n} \begin{bmatrix} x_i c_x + y_i c_y \\ x_i c_y - y_i c_x \end{bmatrix}$$

在這裡，最小平方問題的解答採用「閉合形式解答」，如下圖方程式的右方所示。注意，我們並沒有解出縮放和平面旋轉（在縮放後的 2D 旋轉矩陣中是非線性相關的），而是解出**變數 (a, b)**，這些變數與縮放和旋轉矩陣的關係如下：

$$\begin{bmatrix} a & -b \\ b & a \end{bmatrix} = \begin{bmatrix} k\cos(\theta) & -k\sin(\theta) \\ k\sin(\theta) & k\cos(\theta) \end{bmatrix}$$

下圖展示了普氏分析對原始標注形狀資料的影響。每個臉部特徵都以獨特的顏色顯示。經過平移正規化，人臉的結構變得明顯，某一臉部特徵的位置集中在其平均位置附近。經過「迭代比例」和「旋轉正規化處理」後，特徵集群變得更加緊密，而其分佈變得「更能代表臉部變形所引起的變化」。最後一點相當重要，因為我們將在下一節中嘗試將這些變形建模。因此，普氏分析的作用可以被認為是對原始資料的預處理操作，以便習得「更好的臉部局部變形模型」：

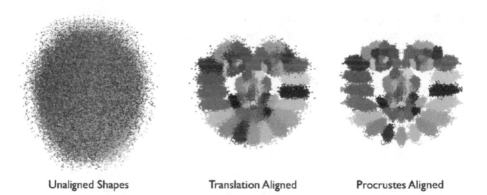

Unaligned Shapes   Translation Aligned   Procrustes Aligned

線性形狀模型

臉部變形建模的目的是找到一個緊密的參數化表徵，用來表示臉部形狀「如何在不同的身分和表情之間」的變化。實現這個目標的方法有很多種，複雜度各不相同。其中最簡單的方法是「使用臉部幾何的線性表徵」。儘管它很簡單，但它已經被證明能夠準確地捕

捉臉部變形的空間，特別是當資料集中的臉孔大部分處於「正面姿勢」時。它的另一個優點是，相較於對應的非線性臉部幾何，「推斷它的參數」是一種極其簡單和廉價的操作。這在部署時扮演了重要的角色，以便在追蹤期間限制搜索過程。

下面的圖片展示了「線性建模臉部形狀」的主要概念。在這裡，一個由 **N** 個臉部特徵所組成的臉部形狀「被建模為 **2N** 維空間中的一個單點」。線性建模的目的是找到一個包含在這個 **2N** 維空間中的「低維超平面」，使所有的臉部形狀點能處於其中（即下圖中的綠點）。由於這個超平面只涵蓋整個 **2N** 維空間的一個子集合，所以它通常被稱為子空間（subspace）。子空間的維數越低，人臉的表徵越緊密，對追蹤過程的「限制」也就越強。這通常會帶來更強健的追蹤。然而，在選擇子空間的維數時應該小心謹慎，讓它有足夠的能力來「涵蓋所有臉部的空間」，但又「不至於涵蓋到非臉部的形狀空間」（即圖片中的紅點）。需要注意的是，在對單一個人的資料建模時，捕捉臉部變化的子空間通常比「針對多人建模時」要緊密得多。這就是為什麼「個人限定的追蹤器」會比「通用追蹤器」表現得更好的原因之一。

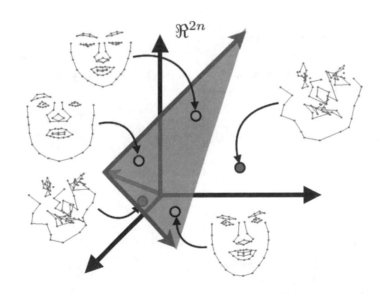

尋找涵蓋資料集的最佳低維子空間的過程，被稱為**主成分分析（Principal Component Analysis；PCA）**。OpenCV 實作了一個計算 PCA 的類別；但是，它需要事先指定「欲保留的子空間維數」。因為這通常很難透過演繹決定，一般的經驗法則是根據它「在總變異量中所佔的比例」來選擇。在 shape_model::train 函數中，PCA 的實作如下：

```
SVD svd(dY*dY.t());
int m = min(min(kmax,N-1),n-1);
float vsum = 0; for(int i = 0; i < m; i++)vsum += svd.w.fl(i);
float v = 0; int k = 0;
for(k = 0; k < m; k++){
  v += svd.w.fl(k); if(v/vsum >= frac){k++; break;}
}
if(k > m)k = m;
Mat D = svd.u(Rect(0,0,k,2*n));
```

在這裡，dY 變數的每一行代表「減去平均、普氏對齊後」的形狀。因此，**奇異值分析**
（**Singular Value Decomposition；SVD**）被有效地應用在形狀資料的共變異數矩陣上（即
dY.t()*dY）。OpenCV SVD 類別中的成員 w 儲存了資料在主要變異方向上的變異，並由
大到小排序。選擇子空間維數的一種常見方法是選擇「能保留資料總能量一部分 frac 的
最小方向集合」，由 svd.w 中的項目表示。由於這些項目是由大到小排列，若貪婪地計算
前 k 個變異方向中的能量，即可列舉出子空間選擇。這些方向本身儲存在 SVD 類別的成
員 u 之中。svd.w 和 svd.u 一般分別被稱之為「特徵光譜」（eigen spectrum）和「特徵向量」
（eigen vectors）。這兩者的示意圖如下：

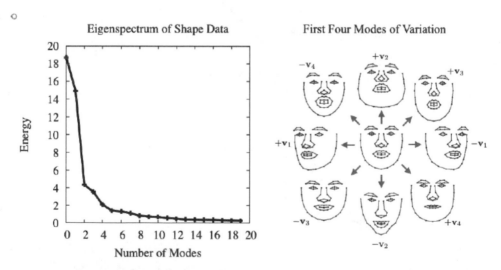

注意特徵光譜衰減得極快，暗示了資料中包含的大部分變化可以用「低維子空間」建模。

局部－全域聯合表徵

圖像幀中的形狀是由「局部變形」和「全域變換」組合而成的。數學上來說，這種參數化可能造成問題，因為這些轉換的組合會導致一個不允許閉合形式解答的「非線性函數」。解決這個問題的一種常見方法是將「全域變換」建模為一個線性子空間，並將其追加到變形子空間之中。對於固定形狀，相似變換可以用一個子空間進行建模，如下所示：

$$
\begin{bmatrix}
\begin{bmatrix} a & -b \\ b & a \end{bmatrix} \begin{bmatrix} x_1 \\ y_1 \end{bmatrix} + \begin{bmatrix} t_x \\ t_y \end{bmatrix} \\
\vdots \\
\begin{bmatrix} a & -b \\ b & a \end{bmatrix} \begin{bmatrix} x_n \\ y_n \end{bmatrix} + \begin{bmatrix} t_x \\ t_y \end{bmatrix}
\end{bmatrix}
=
\begin{bmatrix}
x_1 & -y_1 & 1 & 0 \\
y_1 & x_1 & 0 & 1 \\
\vdots & \vdots & \vdots & \vdots \\
x_n & -y_n & 1 & 0 \\
y_n & x_n & 0 & 1
\end{bmatrix}
\begin{bmatrix} a \\ b \\ t_x \\ t_y \end{bmatrix}
$$

在 `shape_modcl` 類別中，這個子空間是使用 `calc_rigid_base` 函數所產生的。產生子空間的形狀（即上式中的 **x** 和 **y** 分量）是普氏對齊形狀的平均形狀（即標準形狀）。除了以上述形式建造的子空間以外，矩陣的每一行都正規化成「單位長度」。在 `shape_model::train` 函數中，上一節所描述的變數 `dY` 是透過「將屬於剛體運動的資料部分投影出去」來計算的，如下所示：

```
Mat R = this->calc_rigid_basis(Y); //compute rigid subspace
Mat P = R.t()*Y; Mat dY = Y - R*P; //project-out rigidity
```

請注意，這個投影是以一個簡單的矩陣乘法實作的。這是可行的，因為剛性子空間的行是經過長度標準化的。這不會改變模型涵蓋的空間，並且表示 `R.t()*R` 等於單位矩陣。

由於在學習變形模型之前，已經從資料中「移除了」來自剛性變換的變化方向，因此得到的變形子空間將「正交於」剛性變換子空間。於是，將這兩個子空間連接起來，就會得到一個「局部－全域聯合的臉部形狀線性表徵」，同樣也是標準正交的（orthonormal）。在此，連接的實作可以利用 OpenCV `Mat` 類別的「ROI 擷取機制」，將「兩個子空間矩陣」賦值為「聯合子空間矩陣的子矩陣」：

```
V.create(2*n,4+k,CV_32F); //combined subspace
Mat Vr = V(Rect(0,0,4,2*n)); R.copyTo(Vr); //rigid subspace
Mat Vd = V(Rect(4,0,k,2*n)); D.copyTo(Vd); //nonrigid subspace
```

模型結果的「正交性」代表描述形狀的參數可以很容易地被計算出來，就像在 `shape_model::calc_params` 函數中所做的那樣：

```
p = V.t()*s;
```

這裡 s 是一個向量化的臉部形狀，而 p 則儲存了表徵它的「臉部子空間中的座標」。

關於線性建模人臉形狀，最後需要注意的一點是「如何限制子空間座標」，好讓使用它所產生的形狀保持有效。在下圖中，顯示了子空間內的人臉形狀實例，它們的變化方向之一的座標「以 4 個標準差遞增」。請注意，對於較小的值，得到的形狀仍然是和臉孔相似的，但是會隨著值變得太大而惡化。

$0 \qquad 4\sigma \qquad 8\sigma \qquad 12\sigma \qquad 16\sigma$

防止這種變形的一個簡單方法是「將子空間座標值」嵌在根據資料集所決定的「某個允許區域內」。一個常見的選擇是在資料的「3 個標準差範圍內的限制框」，這佔了資料變化的 **99.7%**。在找到子空間後，`shape_model::train` 函數中將計算這些嵌位值，如下所示：

```
Mat Q = V.t()*X; //project raw data onto subspace
for(int i = 0; i < N; i++) { //normalize coordinates w.r.t scale
  float v = Q.fl(0,i); Mat q = Q.col(i); q /= v;
}
e.create(4+k,1,CV_32F); multiply(Q,Q,Q);
for(int i = 0; i < 4+k; i++) {
  if(i < 4) e.fl(i) = -1; //no clamping for rigid coefficients
  else e.fl(i) = Q.row(i).dot(Mat::ones(1,N,CV_32F))/(N-1);
}
```

注意，變異數是在對第一維度（即尺度）的座標進行正規化後，在子空間座標 Q 上被計算出來的。這防止了「尺度較大的資料樣本」主導整個估計。另外，請留意有「一個負值」被指派給剛性空間座標的變異數（也就是 V 的前四行）。嵌位函數 `shape_model::clamp` 檢查某一特定方向上的變異數是否為「負」，並只在「否定的情況下」套用嵌位（clamping），如下：

```
void shape_model::clamp(const float c) {
  //clamping as fraction of standard deviation
  double scale = p.fl(0); //extract scale
  for(int i = 0; i < e.rows; i++) {
    if(e.fl(i) < 0)continue; //ignore rigid components
    float v = c*sqrt(e.fl(i)); //c*standard deviations box
    if(fabs(p.fl(i)/scale) > v) { //preserve sign of coordinate
        if(p.fl(i) > 0) p.fl(i) = v*scale; //positive threshold
        else p.fl(i) = -v*scale; //negative threshold
    }
  }
}
```

這樣做的原因是，訓練資料通常是在「人為設定的場景下」擷取的，臉部是垂直的、位於圖像中心，並處於特定的尺度。如果要嵌入形狀模型的剛性元件，使其符合訓練集中的配置，會造成太大的限制。最後，由於每個可變形座標的變異數都是在尺度正規化的幀中所計算的，所以在嵌位過程中「必須對座標進行相同的尺度變換」。

訓練和視覺化

在 train_shape_model.cpp 中可以找到從注釋資料訓練一個形狀模型的範例程式。使用命令列參數 argv[1] 指定注釋資料的路徑之後，訓練將從「讀取資料到記憶體之中並刪除不完整的樣本」開始，如下所示：

```
ft_data data = load_ft<ft_data>(argv[1]);
data.rm_incomplete_samples();
```

接著，每個樣本的注釋（也可以選擇包含它們的鏡像對應）將被儲存在一個向量中，然後被傳遞給訓練函數，如下所示：

```
vector<vector<Point2f>> points;
for(int i = 0; i < int(data.points.size()); i++) {
  points.push_back(data.get_points(i,false));
  if(mirror)points.push_back(data.get_points(i,true));
}
```

然後，透過一個 shape_model::train 函數呼叫來訓練形狀模型，如下所示：

```
shape_model smodel;
smodel.train(points,data.connections,frac,kmax);
```

在這裡，可以透過命令列選項「選擇性地」設置 frac（也就是要保留的變異數的比例）和 kmax（即要保留的特徵向量的最大數量），雖然分別為 0.95 和 20 的預設設置在大多數情況下也能運作得很好。最後，命令列參數 argv[2] 指定訓練後的形狀模型的儲存路徑，儲存可以透過如下所示的單一函數呼叫來執行：

```
save_ft(argv[2],smodel);
```

這個步驟之所以如此簡單，源自為 shape_model 類別定義的 read 和 write 序列化函數。

為了視覺化訓練後的形狀模型，visualize_shape_model.cpp 程式依序將學習到的「各個方向上的非剛性變形」以「動畫」呈現。它首先將形狀模型讀取到記憶體之中，如下所示：

```
shape_model smodel = load_ft<shape_model>(argv[1]);
```

將模型置於顯示視窗中心的剛性參數計算如下：

```
int n = smodel.V.rows/2;
float scale = calc_scale(smodel.V.col(0),200);
float tranx =
  n*150.0/smodel.V.col(2).dot(Mat::ones(2*n,1,CV_32F));
float trany =
  n*150.0/smodel.V.col(3).dot(Mat::ones(2*n,1,CV_32F));
```

在這裡，calc_scale 函數尋找能夠產生 200 像素寬的人臉形狀的縮放係數。平移分量的計算方法是找出產生 150 像素平移的係數（即模型以均值為中心，而顯示視窗大小為 300x300 像素）。

 注意，shape_model::V 的第一行代表 scale，第三行和第四行則分別表示 x 和 y 的平移。

接著產生一條參數值的軌跡，從 0 開始向正極值（positive extreme）移動，然後向負極值（negative extreme）移動，最後回到 0，如下所示：

```
vector<float> val;
for(int i = 0; i < 50; i++)val.push_back(float(i)/50);
for(int i = 0; i < 50; i++)val.push_back(float(50-i)/50);
for(int i = 0; i < 50; i++)val.push_back(-float(i)/50);
for(int i = 0; i < 50; i++)val.push_back(-float(50-i)/50);
```

在這裡，動畫的每個階段由 50 增量組成。然後利用該軌跡將人臉模型以動畫呈現，並將結果渲染在顯示視窗中，如下所示：

```
Mat img(300,300,CV_8UC3); namedWindow("shape model");
while(1) {
  for(int k = 4; k < smodel.V.cols; k++){
    for(int j = 0; j < int(val.size()); j++){
        Mat p = Mat::zeros(smodel.V.cols,1,CV_32F);
        p.at<float>(0) = scale;
        p.at<float>(2) = tranx;
        p.at<float>(3) = trany;
        p.at<float>(k) = scale*val[j]*3.0*
        sqrt(smodel.e.at<float>(k));
        p.copyTo(smodel.p); img = Scalar::all(255);
        vector<Point2f> q = smodel.calc_shape();
        draw_shape(img,q,smodel.C);
        imshow("shape model",img);
        if(waitKey(10) == 'q')return 0;
      }
    }
  }
```

 注意，剛體係數（即 shape_model::V 的前四列係數）始終設置為之前計算的值，以便將臉部放置在顯示視窗的中心。

人臉特徵偵測器

「在圖像中偵測人臉特徵」和「通用物件偵測」之間有很強的相似性。OpenCV 擁有一系列用於建造通用物件偵測器的複雜功能，其中最著名的是 Haar 特徵級聯偵測器，用於實作著名的 **Viola-Jones 人臉偵測器**。然而，有一些特別的因素使得臉部特徵偵測與眾不同，如下：

- **精確度對強健性（Precision versus robustness）**：在通用目標偵測中，目標是找到物體在圖像中的粗略位置；人臉特徵偵測器則需要對特徵位置進行「高精確度」的估計。在物件偵測中，幾個像素的誤差被認為是無關緊要的，但在利用特徵偵測進行的臉部表情估計之中，它可能代表「微笑」和「皺眉」之間的差異。

- **有限空間支援所造成的模糊性（Ambiguity from limited spatial support）**：通常會假設通用物件偵測中的「目標物體」具有「足夠的圖像結構」，以便有效地「從不包含該物件的圖像區域之中」區分出來。但對臉部特徵來說，情況通常並非如此，它一般僅有「有限的空間支援」。這是因為不包含物體的圖像區域通常會展現出與臉部特徵「非常相似的結構」。比如說，一個臉部邊緣特徵（從以該特徵為中心的小定界框中來看），很容易與「任何其他包含穿越中心的強邊緣」的「圖像補丁」混淆。

- **計算複雜度（Computational complexity）**：通用物件偵測的目標是找到圖像中的所有物體。另一方面，人臉追蹤則需要所有臉部特徵的位置，範圍通常在 20 到 100 個特徵之間。因此，在建立能夠即時運行的人臉追蹤器時，有效評估每個特徵偵測器的能力是非常重要的。

由於這些差異，在人臉追蹤中所使用的人臉特徵偵測器「通常是專門為此目的而設計的」。當然，在人臉追蹤中，有許多通用物件的偵測技術被應用於人臉特徵偵測器。然而，看起來社會上對於哪一種表徵「最適合」這個問題「並沒有共識」。

在本節中，我們將使用一種「可能是最簡單的模型」來建立臉部特徵偵測器：線性圖像補丁（linear image patch）。儘管它很簡單，在仔細設計它的學習程序後，我們會看到這種表徵實際上可以為人臉追蹤演算法「提供合理的臉部特徵位置估計」。此外，它們的簡單讓它們可以進行極快的估計，進而可能實現「即時人臉追蹤」。由於其表徵為圖像補丁，因此這裡將人臉特徵偵測器稱為補丁模型（patch models）。這個模型實作的 `patch_model` 類別可以在 `patch_model.hpp` 和 `patch_model.cpp` 檔中找到。下面的程式碼片段是 `patch_model` 類別的標頭，展示了它的主要功能：

```
class patch_model{
  public:
  Mat P; //normalized patch
  ...
  Mat //response map
  calc_response(
```

```
        const Mat &im, //image patch of search region
        const bool sum2one = false); //normalize to sum-to-one?
        ...
        void train(const vector<Mat>&images, //training image patches
        const Size psize, //patch size
        const float var = 1.0, //ideal response variance
        const float lambda = 1e-6, //regularization weight
        const float mu_init = 1e-3, //initial step size
        const int nsamples = 1000, //number of samples
        const bool visi = false); //visualize process?
        ...
    };
```

用於偵測人臉特徵的補丁模型儲存在矩陣 P 中。在這個類別中，我們特別感興趣的兩個函數是 calc_response 和 train。calc_response 函數計算補丁模型在搜尋區域 im 上「每個整數位移處」的回應。train 函數學習尺寸為 psize 的補丁模型 P。通常，此模型能產生訓練集上「盡可能接近最佳回應映射」的回應映射。參數 var、lambda、mu_init 和 nsamples 是訓練程序的參數，可以調整它們，以便針對手上的資料進行「性能最佳化」。

本節將詳細說明該類別的功能。我們首先討論相關補丁及其訓練程序，並將其用於學習補丁模型。接下來，我們將介紹 patch_models 類別，它是每個臉部特徵的補丁模型的集合，且具有處理全域轉換的功能。train_patch_model.cpp 和 visualize_patch_model.cpp 中的程式分別對補丁模型進行訓練和視覺化，它們的用法將在本節的最後進行概述。

相關式補丁模型

在學習偵測器中，有兩種競爭的主要典範（paradigms）：生成法（generative）和判別法（discriminative）。生成法試著學習圖像補丁背後的表徵，使它可以在物體所有具體呈現上「產生最佳物體外觀」。另一方面，判別法學習一種表徵，使它能最有效地區分「目標物體」和「模型部署時可能遇到的其他物體」。生成法的優點是，產生的模型包含了專屬於該物體的屬性的編碼，使它能夠「視覺化地」檢視物體「新的實例」。生成法典範中一種相當流行的方法是著名的 Eigenfaces 法。判別法的優點則是「模型的所有能力都是直接針對手頭上的問題」：將物體的實例與所有其他實例區分開來。最著名的判別法可能是「支援向量機」。雖然這兩種典範在很多情況下都能順利運作，但我們將會看到，當臉部特徵被建模為圖像補丁時，「判別典範」要優秀得多。

注意，Eigenfaces 和支援向量機最初只是為了「分類」（而非偵測或對齊圖像）所開發的。然而，他們背後的數學概念已被證明「適用於人臉追蹤領域」。

學習判別補丁模型

給定一個帶注釋的資料集，特徵偵測器可以彼此獨立地學習。判別補丁模型的學習目標是建立一個圖像補丁，在與包含人臉特徵的圖像區域交叉相關時，能產生強而有力的回應。數學上，可以如下所示：

$$\min_{\mathbf{P}} \sum_{i=1}^{N} \sum_{x,y} \left[\mathbf{R}(x,y) - \mathbf{P} \cdot \mathbf{I}_i \left(x - \frac{w}{2} : x + \frac{w}{2}, y - \frac{h}{2} : y + \frac{h}{2} \right) \right]^2$$

其中，**P** 為補丁模型，**I** 為第 i 個訓練圖像，**I(a:b, c:d)** 為左上角和右下角分別位於 **(a, c)** 和 **(b, d)** 的矩形區域。「**·**」**符號**代表內積運算，**R** 則代表理想的回應映射。該方程式的解是一個補丁模型，它產生的回應映射，一般來說，最接近「使用最小平方評估準則」所測量的「理想回應映射」。對於理想的回應映射 **R**，一個明顯的選擇是除了中心之外全都是零的矩陣（假設訓練圖像補丁以目標臉部特徵為中心）。實際上，由於圖像是手工標記的，所以總是會出現注釋錯誤。為了處理這一點，我們通常把 R 描述為與中心距離的衰減函數（decaying function）。**2D 高斯分佈**是一個不錯的選擇，相當於假設標注錯誤是高斯分佈的。這個設置的視覺化如下圖「左外眼角」所示：

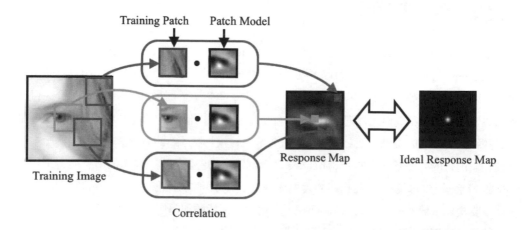

前面所寫的學習目標是一種通常被稱爲「線性最小平方」（linear least squares）的形式。
因此，它可以提供一個閉合形式解答。然而，這個問題的「自由度」（也就是變數可以改
變，以解決問題的方法數）等於「補丁中像素的數量」。因此，即使對於「中等大小」的
補丁，求解最佳補丁模型的「計算成本」和「記憶體需求」也會讓人望而生畏；比如說，
一個 **40x40** 補丁模型有 **1600** 個自由度。

隨機梯度下降法（stochastic gradient descent）是將學習問題視爲「線性方程組」來解決
的一種有效替代方案。透過將學習目標視覺化，成爲補丁模型自由度上的一個「誤差地
形」（error terrain），隨機梯度下降法再「迭代地」進行該地形梯度方向的「近似估計」，
並朝相反的方向邁出一小步。對於我們的問題，梯度的近似可以透過只考慮「訓練集中
隨機選取的單一圖像」的「學習目標梯度」來計算：

$$\mathbf{D} = -\sum_{x,y} \left(\mathbf{R}(x,y) - \mathbf{P} \cdot \mathbf{W}\right) \mathbf{W} \;\; ; \;\; \mathbf{W} = \mathbf{I}\left(x - \frac{w}{2} : x + \frac{w}{2}, y - \frac{h}{2} : y + \frac{h}{2}\right)$$

在 patch_model 類別中，這個學習過程是透過 train 函數來實作的：

```cpp
void patch_model::train(
  const vector<Mat>&images, //featured centered training images
  const Size psize, //desired patch model size
  const float var, //variance of annotation error
  const float lambda, //regularization parameter
  const float mu_init, //initial step size
  const int nsamples, //number of stochastic samples
  const bool visi) { //visualise training process
    int N = images.size(),n = psize.width*psize.height;
    int dx = wsize.width-psize.width; //center of response map
    int dy = wsize.height-psize.height; //...
    Mat F(dy,dx,CV_32F); //ideal response map
    for(int y = 0; y < dy; y++) {
      float vy = (dy-1)/2 - y;
      for(int x = 0; x < dx; x++) {
        float vx = (dx-1)/2 - x;
        F.fl(y,x) = exp(-0.5*(vx*vx+vy*vy)/var); //Gaussian
      }
    }
    normalize(F,F,0,1,NORM_MINMAX); //normalize to [0:1] range
```

```
//allocate memory
Mat I(wsize.height,wsize.width,CV_32F);
Mat dP(psize.height,psize.width,CV_32F);
Mat O = Mat::ones(psize.height,psize.width,CV_32F)/n;
P = Mat::zeros(psize.height,psize.width,CV_32F);

//optimise using stochastic gradient descent
RNG rn(getTickCount()); //random number generator
double mu=mu_init,step=pow(1e-8/mu_init,1.0/nsamples);
for(int sample = 0; sample < nsamples; sample++){
  int i = rn.uniform(0,N); //randomly sample image index
  I = this->convert_image(images[i]); dP = 0.0;
  for(int y = 0; y < dy; y++) { //compute stochastic gradient
    for(int x = 0; x < dx; x++){
      Mat Wi=I(Rect(x,y,psize.width,psize.height)).clone();
      Wi -= Wi.dot(O); normalize(Wi,Wi); //normalize
      dP += (F.fl(y,x) - P.dot(Wi))*Wi;
    }
  }
  P += mu*(dP - lambda*P); //take a small step
  mu *= step; //reduce step size
  ...
} return;
}
```

前面程式碼中，第一個重點程式碼片段是在計算理想回應映射。由於圖像以目標人臉特徵作為中心，所有樣本的回應映射都是一樣的。在第二個重點程式碼片段中，步伐大小的衰減率 step 是依據「經過 nsamples 次的迭代之後，步伐大小將衰減到趨近於零」來計算的。第三個重點程式碼片段則是「計算隨機梯度方向」並「用於更新補丁模型」。這裡有兩點需要注意。首先，訓練中所使用的圖像將傳遞給 patch_model::convert_image 函數，將圖像轉換為「單通道圖像」（如果是彩色圖像的話），並對其像素強度取「自然對數」：

```
I += 1.0; log(I,I);
```

由於 0 的對數未定義，在取對數之前，每個像素都要加上一個偏差值 1。為何要對訓練圖像進行這項預處理呢？因為「對數尺度圖像」（log-scale images）能更強健地抵抗「對比

差異」和「光照條件變化」。下圖顯示了兩張不同對比度的臉部區域圖像。與原始圖像相比，對數尺度圖像的差異要小得多。

Raw　　　　　　　　　　　　　　　Log Scale

關於更新方程式，第二點要注意的是從更新方向上減去的 `lambda*P`。這有效地規範了解答，避免它增長過大；這是在機器學習演算法中經常應用的一種程序，用於促進未知資料的一般化。縮放因子 `lambda` 是使用者定義的，通常取決於問題。然而，對於學習補丁模型來進行人臉特徵偵測而言，一個小的值通常就能運作得不錯。

生成補丁模型和判別補丁模型的對比

儘管可以如前所述簡單地學習「判別補丁模型」（discriminative patch models），但也值得考慮「生成補丁模型」（generative patch models）及其相應的訓練機制是否簡單到足以達到類似的效果。對應相關補丁模型的生成模型是平均補丁（average patch）。該模型的學習日標是建立一個單一的圖像補丁，使其（透過最小平方準則測量）盡可能地接近人臉特徵的所有樣本：

$$\min_{\mathbf{P}} \sum_{i=1}^{N} \|\mathbf{P} - \mathbf{I}_i\|_F^2$$

這個問題的解答正是所有「以特徵爲中心的訓練圖像補丁」的平均值。因此，在某種程度上，這個目標給予的解答要簡單得多。

下圖針對不同的回應映射（response maps）進行了比較。它們分別是範例圖片的平均補丁以及相關補丁模型所進行的「交叉關聯」而產生的。同時也分別顯示了「平均補丁模型」和「相關補丁模型」，而它們像素值的範圍爲了視覺化而進行了正規化。儘管這兩種類型的補丁模型有一些相似之處，它們所產生的回應映射卻有很大的不同。「相關補丁

模型」所產生的回應映射「在特徵位置附近」呈現高峰，而「平均補丁模型」所產生的回應映射卻過於平滑，沒有強力地區隔「特徵的位置」和「它的周圍」。從補丁模型的外觀來看，相關補丁模型大多是灰色的（在未正規化的像素範圍內對應於零），而在人臉特徵的「顯著區域」則放置了強而有力的正值和負值。因此，它只保留了「訓練補丁的那些部份」，有助於將其與「錯位的結構區」做出區別，導致高度集中的回應。作為對比，平均補丁模型「沒有包含錯位資料的相關知識」。因此，它不太適合人臉特徵定位的任務（也就是將「對齊後的圖像補丁」與自己的「局部位移版本」做出區隔）：

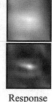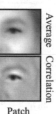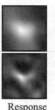

Eye Corner Region　Response Maps　Patch Models　　　　Chin Region　Response Maps　Patch Models

處理全域幾何變換

到目前為止，我們假設訓練圖像以人臉特徵為中心，並根據全域縮放和旋轉進行正規化。實際上，在追蹤時，人臉可能會以「任何比例和旋轉」出現在圖像之中。因此，必須設計一種機制來「處理這種訓練和測試條件之間的差異」。其中一種方法是對訓練圖像進行縮放（scale）和旋轉（rotation）的綜合擾動，但須約束在部署時可能遇到的範圍之內。然而，像「相關補丁模型」這樣簡單的偵測器通常沒有能力從這類資料中「產生有用的回應映射」。另一方面，相關補丁模型對縮放和旋轉的「小擾動」具有一定的強健性。由於視訊串流中「連續幀之間的運動」相對較小，因此可以利用前一幀中「人臉的預估全域變換」，對「當前圖像」進行縮放和旋轉正規化。此程序的進行只需要選擇「一個參考幀」來學習相關補丁模型。

patch_models類別儲存「每個臉部特徵的相關補丁模型」以及「訓練它們時的參考幀」。和人臉追蹤器程式碼直接互動以獲得特徵偵測的介面是patch_models類別，而不是patch_model類別。下面這段屬於該類別宣告的程式碼片段「重點展示了它的主要功能」：

```
class patch_models {
  public:
```

```
Mat reference; //reference shape [x1;y1;...;xn;yn]
vector<patch_model> patches; //patch model/facial feature
...
void train(ft_data &data, //annotated image and shape data
  const vector<Point2f>&ref, //reference shape
  const Size psize, //desired patch size
  const Size ssize, //training search window size
  const bool mirror = false, //use mirrored training data
  const float lambda = 1e-6, //regularisation weight
  const float mu_init = 1e-3, //initial step size
  const int nsamples = 1000, //number of samples
  const bool visi = false); //visualise training procedure?
  ...
  vector<Point2f>//location of peak responses/feature in image
  calc_peaks(
  const Mat &im, //image to detect features in
  const vector<Point2f>&points, //current estimate of shape
  const Size ssize = Size(21,21)); //search window size
  ...
};
```

reference 形狀儲存為交錯的 **(x, y)** 座標，它會被用於正規化「訓練圖像」的縮放和旋轉，而在之後的部署，它也會被用於正規化「測試圖像」的縮放和旋轉。在 patch_models::train 函數中，首先使用 patch_models::calc_simil 函數計算給定圖像的「reference 形狀」和「注釋形狀」之間的相似變換，這解決了與 shape_model::procrustes 函數中類似的問題，雖然只針對一個形狀配對。由於旋轉和縮放在所有人臉特徵中都是常見的，圖像的正規化程序只需要「調整」這個相似變換來處理「圖像中每個特徵的中心」和「正規化圖像補丁的中心」。在 patch_models::train 中實作如下：

```
Mat S = this->calc_simil(pt),A(2,3,CV_32F);
A.fl(0,0) = S.fl(0,0); A.fl(0,1) = S.fl(0,1);
A.fl(1,0) = S.fl(1,0); A.fl(1,1) = S.fl(1,1);
A.fl(0,2) = pt.fl(2*i ) - (A.fl(0,0)*(wsize.width -1)/2 +
A.fl(0,1)*(wsize.height-1)/2);
A.fl(1,2) = pt.fl(2*i+1) - (A.fl(1,0)*(wsize.width -1)/2 +
A.fl(1,1)*(wsize.height-1)/2);
Mat I; warpAffine(im,I,A,wsize,INTER_LINEAR+WARP_INVERSE_MAP);
```

在這裡，`wsize` 是正規化後訓練圖像的總尺寸，也就是「補丁尺寸」和「搜尋區域尺寸」之總和。如前所述，從「參考形狀」到「注釋形狀 `pt`」的相似變換，其左上角 **(2x2)** 的區塊（對應於變換的縮放和旋轉分量）被保存在「傳遞給 OpenCV `warpAffine` 函數的仿射變換」之中。仿射變換 **A** 的最後一行是用於調整（adjustment），它將在翹曲之後（warping），也可以說是在正規化平移之後（normalizing translation），以正規化圖像為中心「渲染」**第 i 個**臉部特徵位置。最後，`cv::warpAffine` 函數具有從圖像到參考幀的「翹曲的預設設置」。由於相似轉換是為了將 reference 形狀「轉換為圖像空間注釋」而計算的，因此需要設置 `pt`、`WARP_INVERSE_MAP` 旗標，以確保函數「在我們想要的方向上」應用翹曲。在 `patch_models::calc_peaks` 函數中，執行了完全相同的程序，只不過多了一個步驟，即重新使用之前計算出的「圖像幀中參考形狀和當前形狀之間」的「相似變換」，以「反正規化」偵測到的臉部特徵，好將它們放置在圖像中適當的位置：

```
vector<Point2f>
patch_models::calc_peaks(const Mat &im,
const vector<Point2f>&points,const Size ssize){
int n = points.size(); assert(n == int(patches.size()));
Mat pt = Mat(points).reshape(1,2*n);
Mat S = this->calc_simil(pt);
Mat Si = this->inv_simil(S);
vector<Point2f> pts = this->apply_simil(Si,points);
for(int i = 0; i < n; i++){
  Size wsize = ssize + patches[i].patch_size();
  Mat A(2,3,CV_32F),I;
  A.fl(0,0) = S.fl(0,0); A.fl(0,1) = S.fl(0,1);
  A.fl(1,0) = S.fl(1,0); A.fl(1,1) = S.fl(1,1);
  A.fl(0,2) = pt.fl(2*i ) - (A.fl(0,0)*(wsize.width -1)/2 +
  A.fl(0,1)*(wsize.height-1)/2);
  A.fl(1,2) = pt.fl(2*i+1) - (A.fl(1,0)*(wsize.width -1)/2 +
  A.fl(1,1)*(wsize.height-1)/2);
  warpAffine(im,I,A,wsize,INTER_LINEAR+WARP_INVERSE_MAP);
  Mat R = patches[i].calc_response(I,false);
  Point maxLoc; minMaxLoc(R,0,0,0,&maxLoc);
  pts[i] = Point2f(pts[i].x + maxLoc.x - 0.5*ssize.width,
  pts[i].y + maxLoc.y - 0.5*ssize.height);
} return this->apply_simil(S,pts);
```

上方程式碼的第一個重點片段計算了正向（forward）和反向（inverse）的相似轉換。反向變換是必要的，它可以根據當前形狀估計的正規化位置「調整」每個特徵的「回應映射的峰值」（the peaks of the response map）。在「使用 patch_models::apply_simil 函數」並重新應用相似變換「將新的人臉特徵位置估計放回圖像幀」之前，必須執行此操作。

訓練和視覺化

在 train_patch_model.cpp 中可以找到一個「從注釋資料中訓練補丁模型」的範例程式。使用命令列參數 argv[1] 包含的注釋資料路徑，訓練首先將資料讀取到記憶體之中，並刪除不完整的樣本：

```
ft_data data = load_ft<ft_data>(argv[1]);
data.rm_incomplete_samples();
```

對於 patch_models 類別中的參考形狀，最簡單的選擇是訓練集的平均形狀（縮放到所需的大小）。假設之前曾為「此資料集」訓練過「形狀模型」，則參考形狀將如下計算，首先，讀取儲存在 argv[2] 中的形狀模型：

```
shape_model smodel = load_ft<shape_model>(argv[2]);
```

然後，計算經過縮放和置中的平均形狀：

```
smodel.p = Scalar::all(0.0);
smodel.p.fl(0) = calc_scale(smodel.V.col(0),width);
vector<Point2f> r = smodel.calc_shape();
```

calc_scale 函數計算縮放因數，將平均形狀（即 shape_model::V 的第一行）變換為寬度為 width 的形狀。在定義了**參考形狀 r** 之後，只需一個函數呼叫，即可開始訓練補丁模型集合：

```
patch_models pmodel;
pmodel.train(data,r,Size(psize,psize),Size(ssize,ssize));
```

參數 width、psize 和 ssize 的最佳選擇取決於應用程式；但是，預設值 100、11 和 11 通常會提供不錯的結果。

雖然訓練的程序非常簡單，但仍需要一些時間來完成。根據最佳化演算法中「人臉特徵的數量」、「補丁的大小」和「隨機樣本的數量」，訓練程序可能會花費幾分鐘到超過一小時。然而，由於每個補丁的訓練可以獨立於其他所有補丁執行，因此，可以透過多個處理器核心或機器之間的平行化訓練程序，來加速這個過程。

一旦訓練完成，`visualize_patch_model.cpp` 中的程式就可以用來展示「產生的補丁模型」。和 `visualize_shape_model.cpp` 程式一樣，這裡的目標是視覺化地檢查結果，以驗證在訓練程序之中「是否出現任何錯誤」。該程式產生所有補丁模型的複合圖像 `patch_model::P`，每個模型都在參考形狀 `patch_models::reference` 之中，位於各自的特徵位置，並在「目前索引被啓動的補丁」周圍「顯示了一個定界框」。`cv::waitKey` 函數用於取得「使用者輸入」，以「選擇啓動補丁的索引」或「終止程序」。下圖展示了三個複合補丁圖像的範例；它們分別從三個具有不同空間支援的補丁模型之中學習。儘管使用了相同的訓練資料，但是修改補丁模型的空間支援似乎會「大幅改變」補丁模型的結構。以這種視覺化的方式查看結果，可以直觀地理解如何修改訓練程序的參數，甚至是訓練程序本身，以便最佳化特定應用程式的結果：

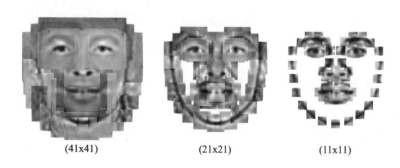

(41x41)   (21x21)   (11x11)

人臉偵測和初始化

目前爲止所描述的「人臉追蹤方法」，皆假設圖像中的人臉特徵位於「接近當前估計值」的合理範圍之內。雖然這個假設在追蹤過程中是合理的，因爲幀和幀之間的人臉運動往往很小，但我們仍面臨「如何在序列的第一幀中初始化模型」的難題。一個明顯的選擇是使用 OpenCV 內建的級聯偵測器（cascade detector）來尋找人臉。然而，模型在偵測到的定界框內的「位置」將取決於「選擇追蹤的臉部特徵」。爲了繼續維持本章迄今爲止所

遵循的資料驅動典範，一個簡單的解決方案是學習「人臉偵測的定界框」與「人臉特徵」之間的幾何關係。

face_detector類別正好實作了這個解決方案。下面的宣告片段重點展示了它的功能：

```
class face_detector{ //face detector for initialisation
  public:
  string detector_fname; //file containing cascade classifier
  Vec3f detector_offset; //offset from center of detection
  Mat reference; //reference shape
  CascadeClassifier detector; //face detector

  vector<Point2f> //points describing detected face in image
  detect(const Mat &im, //image containing face
    const float scaleFactor = 1.1,//scale increment
    const int minNeighbours = 2, //minimum neighborhood size
  const Size minSize = Size(30,30));//minimum window size

  void train(ft_data &data, //training data
    const string fname, //cascade detector
    const Mat &ref, //reference shape
    const bool mirror = false, //mirror data?
    const bool visi = false, //visualize training?
    const float frac = 0.8, //fraction of points in detection
    const float scaleFactor = 1.1, //scale increment
    const int minNeighbours = 2, //minimum neighbourhood size
  const Size minSize = Size(30,30)); //minimum window size
  ...
};
```

此類別有四個公開成員變數：detector_fname是一個路徑，提供給cv::CascadeClassifier型別的物件；detector_offset是一組偏移量，從偵測定界框到圖像中人臉位置和比例；reference是一個要放置在定界框之中的參考形狀；最後還有一個人臉偵測器detector。人臉追蹤系統中所使用的主要功能是face_detector::detection，它以圖像作為輸入，並搭配cv::CascadeClassifier類別的標準選項，回傳圖像中臉部特徵位置的粗略估計。它的實作如下：

```
Mat gray; //convert image to grayscale and histogram equalize
if(im.channels() == 1) gray = im;
```

```
else cvtColor(im,gray,CV_RGB2GRAY);
Mat eqIm; equalizeHist(gray,eqIm);
vector<Rect> faces; //detect largest face in image
detector.detectMultiScale(eqIm,faces,scaleFactor, minNeighbours,0
  |CV_HAAR_FIND_BIGGEST_OBJECT
  |CV_HAAR_SCALE_IMAGE,minSize);
if(faces.size() < 1) { return vector<Point2f>(); }

Rect R = faces[0]; Vec3f scale = detector_offset*R.width;
  int n = reference.rows/2; vector<Point2f> p(n);
  for(int i = 0; i < n; i++){ //predict face placement
    p[i].x = scale[2]*reference.fl(2*i ) + R.x + 0.5 * R.width +
    scale[0];
    p[i].y = scale[2]*reference.fl(2*i+1) + R.y + 0.5 * R.height +
    scale[1];
  } return p;
```

我們用平常的方式在圖像中偵測人臉，除了設置 CV_HAAR_FIND_BIGGEST_OBJECT 旗標以便追蹤圖像中「最顯著的人臉」以外。這裡重點標示的程式碼根據偵測到的「人臉的定界框」，在圖像中放置參考形狀。detector_offset 成員變數由三個元件所組成：從偵測到的定界框中心到人臉中心的偏移量 (x, y)，以及調整參考形狀大小使其最適合圖像中人臉的比例因數。這三個分量都是定界框寬度的線性函數。

定界框的寬度和 detector_offset 變數之間的線性關係是在 face_detector::train 函數中從注釋資料集學習而來的。學習程序將從「把訓練資料讀取到記憶體之中，並指定參考形狀」開始：

```
detector.load(fname.c_str()); detector_fname = fname; reference =
ref.clone();
```

如同 patch_models 類別中的參考形狀，參考形狀的便利選擇，就是資料集中的標準化平均臉型（normalized average face shape）。然後，cv::CascadeClassifier 被應用到資料集中的每個圖像（以及選擇性地，它們的鏡像對應），接著，檢查結果，確保偵測到的定界框中有足夠的注釋點（參見本節結尾的圖），以防止學習錯誤偵測：

```
if(this->enough_bounded_points(pt,faces[0],frac)){
  Point2f center = this->center_of_mass(pt);
  float w = faces[0].width;
  xoffset.push_back((center.x -
```

```
      (faces[0].x+0.5*faces[0].width ))/w);
  yoffset.push_back((center.y -
      (faces[0].y+0.5*faces[0].height))/w);
  zoffset.push_back(this->calc_scale(pt)/w);
}
```

如果注釋點有超過 frac 的比例位於定界框內,那麼它的寬度與該圖像的偏移參數之間的「線性關係」將被加入一個 STL vector 類別物件。在這裡,face_detector::center_of_mass 函數計算該圖像的「注釋點集合的質心」,而 face_detector::calc_scale 函數則計算「參考形狀」變換成「置中注釋形狀」的比例因數。在處理完所有的圖像之後,detector_offset 變數被設置爲所有特定於圖像的偏移量的「中位數」:

```
Mat X = Mat(xoffset),Xsort,Y = Mat(yoffset),Ysort,Z =
  Mat(zoffset),Zsort;
cv::sort(X,Xsort,CV_SORT_EVERY_COLUMN|CV_SORT_ASCENDING);
int nx = Xsort.rows;
cv::sort(Y,Ysort,CV_SORT_EVERY_COLUMN|CV_SORT_ASCENDING);
int ny = Ysort.rows;
cv::sort(Z,Zsort,CV_SORT_EVERY_COLUMN|CV_SORT_ASCENDING);
int nz = Zsort.rows;
detector_offset =
  Vec3f(Xsort.fl(nx/2),Ysort.fl(ny/2),Zsort.fl(nz/2));
```

與**形狀**和**補丁**模型一樣,train_face_detector.cpp 中的簡單程式是一個範例,說明如何建立 face_detector 物件,並儲存它,以便稍後在追蹤器中使用。它首先讀取「注釋資料」和「形狀模型」,並將「參考形狀」設置爲訓練資料的平均中心平均值(即 shape_model 類別的單位形狀):

```
ft_data data = load_ft<ft_data>(argv[2]);
shape_model smodel = load_ft<shape_model>(argv[3]);
smodel.set_identity_params();
vector<Point2f> r = smodel.calc_shape();
Mat ref = Mat(r).reshape(1,2*r.size());
```

接著,訓練和儲存人臉偵測包含了兩個函式呼叫:

```
face_detector detector;
detector.train(data,argv[1],ref,mirror,true,frac);
```

```
save_ft<face_detector>(argv[4],detector);
```

為了測試訓練結果產生的「形狀放置程序」的性能，`visualize_face_detector.cpp` 中的程式呼叫了 `face_detector::detection` 函數，來偵測「視訊或攝影機輸入串流中」的每個圖像，並在螢幕上繪製結果。下圖顯示了使用這種方法的範例結果。雖然放置的形狀與圖像中的個體並不匹配，但它的位置已足夠接近，因此可以使用下一節描述的方法繼續進行人臉追蹤：

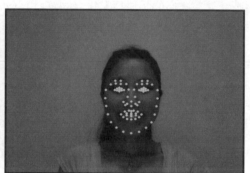

Training Image　　　　　　　　　　　　Test Image

人臉追蹤

人臉追蹤問題可以歸結為尋找一種高效又強健的方法，結合了「各種人臉特徵的獨立偵測」與「它們所表現出的幾何相依性」，以便得到序列中「每幅圖像中人臉特徵位置」的「精確估計」。說到這裡，也許有必要考慮一下「幾何相依性」（geometrical dependencies）是否真的有必要。下圖分別顯示了「有」和「沒有」幾何限制的人臉特徵偵測結果。這些結果清楚地強調了捕捉臉部特徵之間「空間相依性」（spatial inter-dependencies）的優點。這兩種方法的相對性能是典型的，顯示出單純依賴偵測會導致「雜訊過大」的結果。其原因是，不能期望每個臉部特徵的回應映射總是「在正確的位置」出現峰值。無論是圖像雜訊、光照變化還是表情變化，克服人臉特徵偵測器局限性的唯一方法，就是利用它們之間的幾何關係：

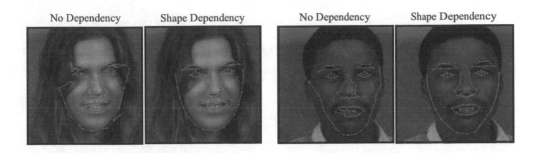

將「臉部幾何」與「追蹤程序」結合，有一種相當簡單卻意外有效的方法：將特徵偵測結果投影（project）到線性形狀模型的子空間之中。這相當於將「原始點」和「它們在子空間上最接近的可能形狀」之間的「距離」最小化了。因此，當特徵偵測中的空間雜訊接近高斯分佈時（Gaussian distributed），投影將得到最可能的解。實際上，偵測誤差的分佈有時並不遵循高斯分佈，需要加入額外的機制來處理這一點。

人臉追蹤器的實作

你可以在 face_tracker 類別中找到人臉追蹤演算法的實作（請見 face_track.cpp 和 face_track.hpp）。下面的程式碼是其標頭的一個片段，並重點展示了它的主要功能：

```cpp
class face_tracker{
  public:
  bool tracking; //are we in tracking mode?
  fps_timer timer; //frames/second timer
  vector<Point2f> points; //current tracked points
  face_detector detector; //detector for initialisation
  shape_model smodel; //shape model
  patch_models pmodel; //feature detectors

  face_tracker(){tracking = false;}

  int //0 = failure
  track(const Mat &im, //image containing face
  const face_tracker_params &p = //fitting parameters
  face_tracker_params()); //default tracking parameters

  void
```

```
reset(){
  //reset tracker
  tracking = false; timer.reset();
}
...
protected:
...
vector<Point2f> //points for fitted face in image
fit(const Mat &image,//image containing face
const vector<Point2f>&init, //initial point estimates
const Size ssize = Size(21,21),//search region size
const bool robust = false, //use robust fitting?
const int itol = 10, //maximum number of iterations
const float ftol = 1e-3); //convergence tolerance
};
```

該類別具有 shape_model、patch_models 和 face_detector 類別的公開成員實例。它使用這三個類別的功能來實現追蹤。timer 變數是 fps_timer 類別的一個實例，它紀錄呼叫 face_tracker::track 函數時的幀率，這在分析「補丁和形狀模型的配置」對「演算法計算複雜度」的影響時，會非常有用。tracking 成員變數是一個旗標，代表追蹤程序目前的狀態。當這個旗標被設置為 false 時（就像在建構子和 face_tracker::reset 函數中的設置），追蹤器便進入偵測模式，而 face_detector::detection 函數被應用於下一個傳入的圖像，以將模型初始化。在追蹤模式下，用於推斷下一幅傳入圖像中「人臉特徵位置」的初始估計，就只是它們「在前一幀中的位置」。完整的追蹤演算法簡單實作如下：

```
int face_tracker::
track(const Mat &im,const face_tracker_params &p) {
  Mat gray; //convert image to grayscale
  if(im.channels()==1) gray=im;
  else cvtColor(im,gray,CV_RGB2GRAY);
  if(!tracking) //initialize
  points = detector.detect(gray,p.scaleFactor,
    p.minNeighbours,p.minSize);
  if((int)points.size() != smodel.npts()) return 0;
  for(int level = 0; level < int(p.ssize.size()); level++)
  points = this->fit(gray,points,p.ssize[level],
    p.robust,p.itol,p.ftol);
```

```
    tracking = true; timer.increment(); return 1;
}
```

除了「設置適當的 `tracking` 狀態」和「增加追蹤時間」等簿記操作之外,追蹤演算法的核心是多級擬合程序(multi-level fitting procedure),這在前面的程式碼片段中有被重點顯示。在 `face_tracker::fit` 函數中實作的擬合演算法(fitting algorithm)將被應用數次(搭配儲存在 `face_tracker_params::ssize` 中的不同搜尋視窗尺寸),而前一階段的輸出將作爲下一階段的輸入。在最簡單的設置之中,`face_tracker_params::ssize` 函數圍繞圖像中形狀的「當前估計值」執行臉部特徵偵測:

```
smodel.calc_params(init);
vector<Point2f> pts = smodel.calc_shape();
vector<Point2f> peaks = pmodel.calc_peaks(image,pts,ssize);
```

它也將結果投影到臉部形狀的子空間上:

```
smodel.calc_params(peaks);
pts = smodel.calc_shape();
```

爲了處理人臉特徵偵測位置的重大離群值(gross outliers),可以使用強健模型的擬合程序,而不是將 robust 旗標設置爲 true 進行簡單的投影。然而,在現實中,當使用一個衰減的搜尋視窗尺寸時(也就是在 `face_tracker_params::ssize` 中所設置的),這通常是非必要的,因爲重大離群值經常遠離它在投影形狀中的對應點,而且很可能位於擬合程序下一層的搜尋區域之外。因此,「搜尋區域尺寸縮小的速率」可以作爲一個增量的離群值拒絕方案。

訓練和視覺化

與本章中詳細介紹的其他類別不同,訓練 `face_tracker` 物件不會涉及任何學習程序。它是在 `train_face_track.cpp` 中簡單實作的:

```
face_tracker tracker;
tracker.smodel = load_ft<shape_model>(argv[1]);
tracker.pmodel = load_ft<patch_models>(argv[2]);
tracker.detector = load_ft<face_detector>(argv[3]);
save_ft<face_tracker>(argv[4],tracker);
```

在這裡，arg[1] 到 argv[4] 分別包含 shape_model、patch_model、face_detector 和 face_tracker 物件的路徑。在 visualize_face_tracker.cpp 中，人臉追蹤器的視覺化也同樣簡單。透過 cv::VideoCapture 類別從攝影機或視訊檔案擷取輸入圖像串流後，該程式只是迴圈（loop）到串流的結尾，或使用者按下 **Q 鍵**，並追蹤進入的每一幀。使用者還可以選擇在任何時候按 **D 鍵**重置追蹤器。

通用模型和個人限定模型的比對

在訓練和追蹤程序中有許多變數可以調整，以便最佳化特定應用程式的性能。然而，追蹤品質的最主要的決定因素之一，在於追蹤器必須「建模」的形狀和外觀所「變化的範圍」。舉一個合適的例子，即考慮「通用」（generic）和「個人限定」（person-specific）的對比。用於訓練一個通用模型的注釋資料是來自不同身分、表情、光照條件和其他變化來源的。相反的，個人限定模型是專門針對單一個體進行訓練的。因此，它需要考慮的變化量要小得多。也就是說，個人限定的追蹤通常比通用的追蹤還要更精確。

這個結果如下圖所示。在這裡，通用模型使用 MUCT 資料集進行了訓練。個人限定模型的學習資料是使用本章前面所討論的「注釋工具」而產生的。結果清楚地顯示，個人限定模型提供了大幅領先的追蹤結果，能夠捕捉複雜的表情和頭部姿勢的變化，而通用模型似乎很難捕捉到一些更簡單的表情：

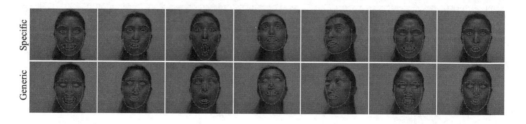

請注意，本章描述的人臉追蹤方法僅是一種最基礎的方法，用於重點展示大多數「非剛性人臉追蹤演算法」都會使用的各種元件。許多能夠彌補其中一些缺點的「其他方法」都超出了本書的範圍，並且需要特殊的數學工具，而 OpenCV 尚未支援這些工具。商業級人臉追蹤套裝軟體的相對稀少證明了這個問題「在通用環境下的難度」。儘管如此，本章描述的簡單方法在限定的環境之中，依然可以非常有效地運作。

總結

本章中，我們建立了一個簡單的人臉追蹤器，它可以在限定的設置下有效地運作，只使用了「適度的數學工具」和「OpenCV 進行基本影像處理和線性代數操作的強大功能」。若要改善這種簡單的追蹤器，可以在追蹤器的三個元件（形狀模型、特徵偵測器和擬合演算法）之中使用更複雜的技術。本節所描述的「追蹤器的模組化設計」應能允許這三個元件獨立進行修改，而不會對其他元件的功能造成嚴重破壞。

參考文獻

- Procrustes Problems, Gower, John C. and Dijksterhuis, Garmt B, Oxford University Press, 2004.

5

使用 AAM 和 POSIT 進行 3D 頭部姿勢估算

一個好的電腦視覺演算法，若是沒有「優秀又強健的能力」、「廣泛的普遍性」，以及「牢靠的數學基礎」，是無法完成的。所有的這些特徵主要都是伴隨著 Timothy Cootes 所開發的主動外觀模型（Active Appearance Models）。本章將教你如何使用 OpenCV 建立自己的主動外觀模型（AAM），以及如何使用它來搜尋模型「在給定的幀中」的最接近位置。此外，您還將學習如何使用 POSIT 演算法，以及如何將您的 3D 模型擬合（fit）至「姿勢圖像」（posed image）之中。有了這些工具，你就可以在視訊中即時追蹤 3D 模型了！這不是很棒嗎？雖然範例將著重於「頭部姿勢」，但實際上，任何變形模型都可以使用相同的方法。

本章將涵蓋以下主題：

- 主動外觀模型概述
- 主動形狀模型概述（Active Shape Models overview）
- **模型實例化**：把玩主動外觀模型
- AAM 搜尋和擬合（AAM search and fitting）
- POSIT

下表說明了你將在本章中遇到的術語：

- **主動外觀模型（AAM）**：這是一個包含形狀（shape）和紋理（texture）統計資訊的物件模型。這是一種從物體中獲取形狀和紋理變化的強大方法。

- **主動形狀模型（ASM）**：這是一個物件形狀的統計模型。它對學習形狀的變化而言，非常地有用。

- **主成份分析（PCA）**：這是一個正交線性變換（orthogonal linear transformation），它將資料變換到一個新的座標系統之中，使任何資料的投影的「最大變異數」位於第一座標軸（又稱為第一主成份），而「第二大變異數」位於第二座標軸…等等。這個程序常用於降維（dimensionality reduction）。在減少原始問題的維數時，可以使用更快的擬合演算法。

- **Delaunay 三角測量（DT）**：它是一種三角測量，對於平面上的一組點 P，使 P 內「沒有任何的點」會落在三角測量中的「任意三角形的外接圓裡面」。它傾向於避免細長三角形。三角測量是紋理映射（texture mapping）時必須的。

- **仿射變換（Affine transformation）**：用來描述任何可以使用「矩陣乘法和向量加法的形式」來表示的「變換」。這可以用於紋理映射。

- **比例正交投影迭代變換演算法（Pose from Orthography and Scaling with Iterations；POSIT）**：這是一種執行 3D 姿勢估算的電腦視覺演算法。

主動外觀模型概述

簡言之，主動外觀模型是一種很好的紋理和形狀組合的「模型參數化方法」，它與一個高效的搜尋演算法結合時，可以準確地告訴模型「在圖片幀中的位置和姿勢」。為了做到這一點，我們將從「主動形狀模型」這一節開始討論，看看它們「與地標位置的關係」如何變得更加密切。在那之後的章節，我們將進行更多「主成份分析和一些實踐經驗」的探討。然後，我們將能從 OpenCV 的 Delaunay 函式之中得到一些幫助，並學習一些三角測量。之後，更進階地，我們將在「三角形紋理翹曲」這一節應用「分段仿射翹曲」，該小節可以讓我們從物件的紋理之中得到一些資訊。

當我們有足夠的背景來建立一個好的模型時，我們可以在「模型實例化」一節中使用這些技術。在這之後，我們就有能力透過 AAM 搜尋和擬合來解決逆問題（inverse problem）。它們本身已經是非常有用的 2D 甚至是 3D 圖像匹配演算法。然而，如果我們能夠成功讓其中之一運作，何不將它橋接（bridge）至 POSIT，也就是另一個「堅若磐石的 3D 模型擬合演算法」？而「POSIT」一節將深入討論「在 OpenCV 使用它時」所需的背景知識，然後你將在後續一節學習如何將 POSIT 與頭部模型結合。這樣，我們就可以使用 3D 模型來擬合已經匹配的 2D 幀。

如果你想知道這會將我們帶往何處，最後，我們將以逐幀的方式（frame-by-frame）結合 AAM 和 POSIT，並得到偵測變形模型的即時 3D 追蹤（real-time 3D tracking）！這些細節將在「從網路攝影機或視訊檔追蹤」一節中說明。

一張圖勝過千言萬語；想像一下，如果我們有 **N 張照片**。如此一來，我們前面所提到的內容在下方的螢幕截圖中便顯而易見：

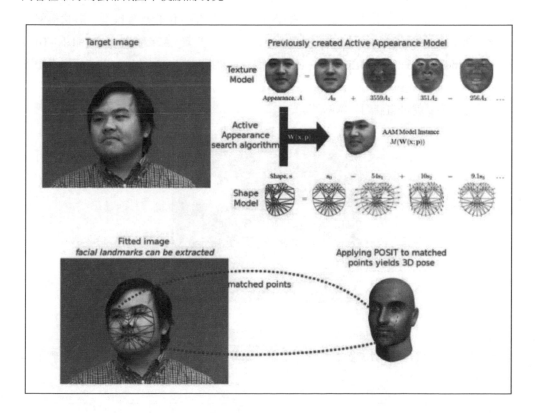

本章演算法概述

給定一幅圖像（上方螢幕截圖中的左上角圖像），我們可以使用主動外觀搜尋演算法來找到人類頭部的 2D 姿勢。螢幕截圖的右上角顯示了搜尋演算法中使用的「一個經過訓練的主動外觀模型」。找到一個姿勢後，POSIT 可以被應用來將結果「擴充」到 3D 姿勢。如果將該方法應用到視訊序列之中，就可獲得偵測式的 3D 追蹤。

主動形狀模型

如前所述，AAMs 需要一個形狀模型，而這個角色將由主動形狀模型（ASMs）來扮演。在接下來的章節之中，我們將建立一個 ASM，它是形狀變化的統計模型。形狀模型是由形狀變化結合而成的。正如 Timothy Cootes 在他的文章《Active Shape Models--Their Training and Application》所描述的，我們需要一組標記圖像的訓練集。為了建立人臉形狀模型，需要在幾張圖像中「人臉的關鍵位置上」標記幾個點，來勾勒出人臉的主要特徵。下面的截圖就是這樣的一個例子：

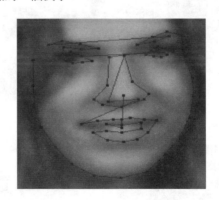

一張臉上有 76 個地標（landmarks），取自 MUCT 資料集。這些地標通常是手工標記的，它們勾勒出一些臉部特徵，例如：嘴巴輪廓、鼻子、眼睛、眉毛和臉型，因為它們更容易被追蹤。

 普氏分析（Procrustes Analysis）：一種統計形狀分析的形式，用於分析一組形狀的分佈。普氏疊加（Procrustes superimposition）是透過「最佳平移、旋轉和均勻縮放」物體來進行的。

如果我們有前面提到的圖像集，我們可以產生形狀變化的統計模型。由於物體上標記的點「描述了該物體的形狀」，如果需要的話，我們將首先使用普氏分析將所有的點集合「對齊」到一個座標系之中，並用一個**向量 x** 來表示每個形狀。然後，我們將對資料應用「主成份分析」。我們可以用下面的公式來近似（approximate）任何一個例子：

> **x = x + Ps bs**

上式中，**x** 為平均形狀，**Ps** 是一組正交的變異模式，**bs** 則是一組形狀參數。為了更了解這些，我們將在本節的其餘部分建立一個簡單的應用程式，它將向我們展示如何處理 PCA 和形狀模型。

為什麼要使用 PCA 呢？因為 PCA 在減少模型參數的數量時，對我們會很有幫助。在本章後面的部分，我們也會發現，在給定的圖像之中搜尋時，幫助會有多大。以下是關於 PCA 的介紹（http://en.wikipedia.org/wiki/Principal_component_analysis）：

> PCA 可以為使用者提供一個「較低維的圖像」，也就是（某種意義上）從資訊量最大的角度來看這個物體時的一個「陰影」。這是透過只使用「前幾個主成份」來完成的，如此一來，「變換後的資料維數」也就減少了。

當我們看到下圖時，這一點變就會得很清楚（圖片來源：http://en.wikipedia.org/wiki/File:GaussianScatterPCA.png）：

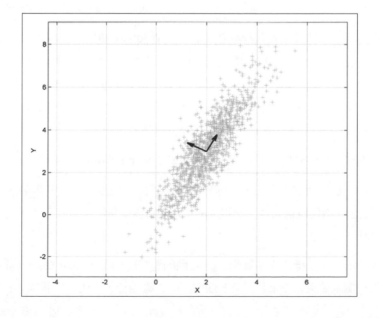

上圖顯示了「以 **(2,3)** 為中心」的多元高斯分佈的 PCA。圖中的向量是共變異數矩陣的特徵向量，經過平移使它們的尾部位在平均值處。

這樣，如果我們想用一個參數來表示我們的模型，從特徵向量的方向指向螢幕截圖的「右上角」將是一個好主意。此外，透過稍微改變參數，我們可以推斷資料並得到「與我們所尋找的值」類似的值。

感受一下 PCA

為了理解 PCA 如何幫助我們建立人臉模型，我們將從主動形狀模型開始，並測試一些參數。

由於人臉偵測和追蹤的研究已經有一段時間了，目前網路上已經有一些人臉資料庫可供研究使用。我們將使用 IMM 資料庫中的幾個範例。

首先，讓我們了解 PCA 類別在 OpenCV 中是如何運作的。我們可以從文件中看到，PCA 類別替一組向量「計算一個特殊的基礎」，而這組向量是由「從向量的輸入集合」計算出來的「共變異數矩陣的特徵向量」（eigenvectors of the covariance matrix）所組成的。這個類別還可以使用投影和反向投影法，將向量「來回變換」到新的座標空間。這個新的座標系可以非常精確地近似，即使只取它的「前幾個分量」也是如此。意即我們可以使用一個更短的向量（由子空間中投影向量的座標所組成），來表示高維空間中的原始向量。

因為我們想要用一些純量來表示參數化，我們將在類別中使用的主要方法是反向投影法（backproject method）。它使用投影向量的主成份座標來「重新建構」原始向量。如果我們保留所有的成份，我們將可以得到原始的向量，但是即使我們只使用幾個成份，差別也會很小；這就是使用 PCA 的原因之一。因為我們想要在原始向量周圍有一些變化，我們的參數化純量將能夠推斷（extrapolate）原始的資料。

此外，PCA 類別可以將向量來回變換至「根據基礎來定義的新的座標空間」。

從文件中可以發現，數學上來說，這等於我們將「向量的投影」計算到子空間之中；而這個子空間是由「數個特徵向量」所組成的；這些特徵向量則是對應了「共變異數矩陣」的主要特徵值。

我們的方法是用地標來標注人臉圖像，為我們的點分佈模型（Point Distribution Model；PDM）產生一個訓練集。如果我們有 **k** 個對齊的二維地標，我們的形狀描述將會是這樣：

```
X = { x1, y1, x2, y2, ..., xk, yk}
```

重要的是我們對所有圖像樣本的「標記」必須保持一致。例如：如果在第一張圖中，嘴巴的左邊是**第3個地標**，那麼在其他所有圖片之中，它也必須是**第3個地標**。

現在這些地標序列將構成形狀輪廓，而一個給定的訓練形狀（training shape）可以定義為一個向量。我們通常會假設這個分佈在這個空間之中是高斯的，然後，我們使用 PCA 來計算「所有訓練形狀的」共變異數矩陣的「正規化特徵向量」和「特徵值」。利用中間上方的特徵向量，我們將建立一個維度為 **2k * m** 的矩陣，**稱之為 P**。如此一來，每個特徵向量描述了一個沿著集合的主要變化模式。

現在，我們可以透過下面的公式來定義一個新的形狀：

```
X' = X' + Pb
```

在這裡，**X'** 是所有訓練圖像的平均形狀（我們只是取每個地標的平均），而 **b** 是每個主成份的縮放值向量（vector of scaling values）。我們只要修改 **b 的值**就可以建立一個新的形狀。在三個標準差中設定 **b** 的變化是很常見的，這樣產生的形狀就會落在訓練集之中。

下面的截圖顯示了三張不同的圖片的點注釋（point-annotated）嘴部地標（mouth landmarks）：

正如前面的截圖所示，形狀是由它們的地標序列所描述的。可以使用 *GIMP* 或 *ImageJ* 之類的程式，也可以在 OpenCV 中建立一個簡單的應用程式，來注釋訓練圖像。我們假設使用者已經完成了這個程序，並將所有訓練圖像的點以 **x, y 地標**位置序列存放在一個文字檔之中，這將在我們的 PCA 分析中使用。然後，我們將在該檔案的第一行中添加兩個參數，即「訓練圖像的數量」和「讀取行的數量」。對於 **k 個** 2D 點，數量是 **2*k**。

在下面的資料中，我們有這個檔案的一個實例，而它是透過 IMM 資料庫中三張圖像的注釋所獲得的，其中 k = 5：

```
3 10
265 311 303 321 337 310 302 298 265 311
255 315 305 337 346 316 305 309 255 315
262 316 303 342 332 315 298 299 262 316
```

現在我們已經注釋了圖像，讓我們把這些資料變成我們的形狀模型。首先，將這些資料載入到一個矩陣之中。這將透過 loadPCA 函數來執行。下面的程式碼片段呈現了 loadPCA 函數的用法：

```
PCA loadPCA(char* fileName, int& rows, int& cols,Mat& pcaset){
  FILE* in = fopen(fileName,"r");
  int a;
  fscanf(in,"%d%d",&rows,&cols);

  pcaset = Mat::eye(rows,cols,CV_64F);
  int i,j;


  for(i=0;i<rows;i++){
    for(j=0;j<cols;j++){
      fscanf(in,"%d",&a);
      pcaset.at<double>(i,j) = a;
    }
  }


  PCA pca(pcaset, // pass the data
    Mat(), // we do not have a pre-computed mean vector,
    // so let the PCA engine compute it
    CV_PCA_DATA_AS_ROW, // indicate that the vectors
    // are stored as matrix rows
    // (use CV_PCA_DATA_AS_COL if the vectors are
    // the matrix columns)
    pcaset.cols// specify, how many principal components to retain
  );
  return pca;
}
```

注意，我們的矩陣是在 pcaset = Mat::eye(rows,cols,CV_64F) 這行中所建立的，並且為 **2*k 個值**分配了足夠的空間。在兩個 for 迴圈將資料載入到矩陣之後，呼叫 PCA 建構函式，並提供資料和一個空矩陣，即可以提供我們預先計算的平均值向量（如果我們希望只做一次的話）。我們還表明，向量將被儲存為矩陣的「列」，我們也希望保持相同數量的「給定列數」與「成份數」，儘管我們只能使用幾個。

既然我們已經用訓練集填充了 PCA 物件，它就有了根據參數「反向投影」形狀所需的一切。我們透過呼叫 PCA.backproject 來進行這件事，將參數作為列向量（row vector）傳入，並以第二個參數接收反向投影後的向量：

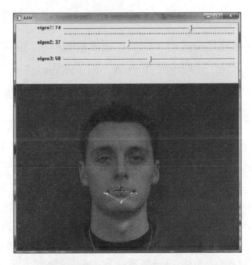

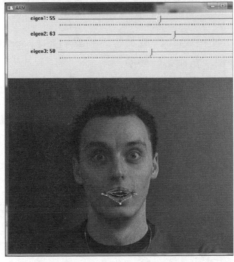

根據從滑動條（slider）選擇的參數，前面的兩張螢幕截圖分別顯示了「兩種不同的形狀配置」。黃色和綠色的圖形表示「訓練資料」，而紅色的圖形則表示「根據所選參數產生的形狀」。一個範例程式可以用於實驗主動形狀模型，因爲它允許使用者嘗試不同的模型參數。我們會發現，僅透過滑動條改變前兩個純量（對應第一種和第二種變化模式），我們就可以得到一個「非常接近訓練過的形狀」。這種變化性將幫助我們在 AAM 中搜尋模型，因爲它提供了內插的形狀（interpolated shapes）。我們將在後續的章節中討論三角測量、紋理、AAM 和 AAM 搜尋。

三角測量

由於我們要尋找的形狀可能是歪曲的，例如：張開的嘴，我們需要將紋理映射回一個平均形狀，然後對這個「正規化紋理」應用 PCA。爲了做到這件事，我們將使用三角測量法。概念非常簡單：我們將建立包含注釋點的三角形，然後從一個三角形映射（map）到另一個。

OpenCV 有一個方便的類別 `Subdiv2D`，用於進行 Delaunay 三角測量。你只需要把它當作一個很好的三角測量方法，可以避免細長三角形（skinny triangles）。

> ℹ️ 在數學和計算幾何中，一個平面上 P 個點的 Delaunay 三角測量是一個三角測量 DT(P)，使得 P 中的任意點「不在 DT(P) 中任何三角形的外接圓之內」。Delaunay 三角測量法能使三角測量中的「三角形各個角中的最小值」變得最大；它們傾向避免細長三角形。三角測量法是以 Boris Delaunay 命名的，他從 1934 年開始研究這個課題。

建立 Delaunay 分割之後，使用 `insert` 成員函式將點填充（populate）到分割之中。下面幾行程式碼將說明直接使用三角測量的情況：

```
Subdiv2D* subdiv;
CvRect rect = { 0, 0, 640, 480 };

subdiv = new Subdiv2D(rect);

std::vector<CvPoint> points;

//initialize points somehow
...
```

```
//iterate through points inserting them in the subdivision
for(int i=0;i<points.size();i++){
  float x = points.at(i).x;
  float y = points.at(i).y;
  Point2f fp(x, y);
  subdiv->insert(fp);
}
```

注意，我們的「點」將位於一個作爲參數傳遞給 Subdiv2D 的「矩形幀」之內。爲了建立分割，我們需要產生 Subdiv2D 類別的實例，就像前面所看到的。然後，爲了建立三角測量，我們需要使用 Subdiv2D 中的 insert 方法插入點。這發生在前面程式碼中的 for 迴圈之中。注意，這些點應該已經初始化了，因爲它們是我們通常用作輸入的點。

下圖顯示了三角測量的效果：

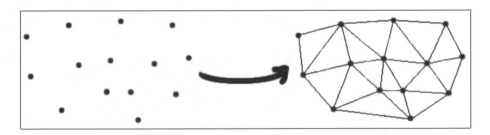

此圖是前面程式碼針對「一組點」的輸出，是使用了 Delaunay 演算法所產生的三角測量結果。

爲了迭代「給定分割中的所有三角形」，可以使用以下程式碼：

```
vector<Vec6f> triangleList;

subdiv->getTriangleList(triangleList);
vector<Point> pt(3);

for( size_t i = 0; i < triangleList.size(); i++ )
{
  Vec6f t = triangleList[i];
  pt[0] = Point(cvRound(t[0]), cvRound(t[1]));
  pt[1] = Point(cvRound(t[2]), cvRound(t[3]));
```

```
        pt[2] = Point(cvRound(t[4]), cvRound(t[5]));
    }
```

給定一個分割，我們將使用 Vec6f 向量初始化它的 triangleList，這將為每組三個點節省空間，三點組可以透過迭代 triangleList 獲得，如前面的 for 迴圈所示。

三角形紋理翹曲

既然現在我們已經可以迭代「分割中的三角形」，我們就能將一個三角形從「來源注釋圖像」翹曲為「產生的扭曲圖像」。這對於將紋理從「原始形狀」映射到「扭曲的形狀」來說，會非常有用。

下面這段程式碼將指引這個程序：

```
void warpTextureFromTriangle(Point2f srcTri[3],
Mat originalImage,Point2f dstTri[3], Mat warp_final){

    Mat warp_mat(2, 3, CV_32FC1);
    Mat warp_dst, warp_mask;
    CvPoint trianglePoints[3];
    trianglePoints[0] = dstTri[0];
    trianglePoints[1] = dstTri[1];
    trianglePoints[2] = dstTri[2];
    warp_dst = Mat::zeros(originalImage.rows, originalImage.cols,
    originalImage.type());
    warp_mask = Mat::zeros(originalImage.rows, originalImage.cols,
    originalImage.type());

    /// Get the Affine Transform
    warp_mat = getAffineTransform(srcTri, dstTri);

    /// Apply the Affine Transform to the src image
    warpAffine(originalImage, warp_dst, warp_mat, warp_dst.size());
    cvFillConvexPoly(new IplImage(warp_mask), trianglePoints, 3,
    CV_RGB(255,255,255), CV_AA, 0);
    warp_dst.copyTo(warp_final, warp_mask);
}
```

前面的程式碼假設三角形頂點（triangle vertices）被包裝在 `srcTri` 陣列之中，而目標頂點（destination vertices）則被包裝在 `dstTri` 陣列之中。2x3 的 `warp_mat` 矩陣是用來得到從「來源三角形到目標三角形之間」的仿射變換。更多資訊，請參考 OpenCV 的 `cvGetAffineTransform` 文件。

`cvGetAffineTransform` 函式計算仿射變換矩陣的方法如下：

$$\begin{bmatrix} x'_i \\ y'_i \end{bmatrix} = \mathbf{mapMatrix} \cdot \begin{bmatrix} x_i \\ y_i \\ 1 \end{bmatrix}$$

上式中，目標 (i) = (xi', yi')、來源 (i) = (xi, yi)，而 i = 0,1,2。

在得到仿射矩陣之後，我們可以對來源圖像進行仿射變換。這是透過 `warpAffine` 函式來完成的。因為我們不想在整張圖像中這樣做，只想專注於我們的三角形，於是，我們可以使用一個遮罩來完成這個任務。這樣一來，最後一行只複製了我們的「原始圖像中的三角形」，並利用了我們剛剛透過呼叫 `cvFillConvexPoly` 產生的遮罩。

下面的螢幕截圖顯示了將此程序應用於「注釋圖像中的每個三角形」的結果。注意，三角形被映射回「面向觀看者的對齊幀」。這個程序將用於建立 AAM 的統計紋理：

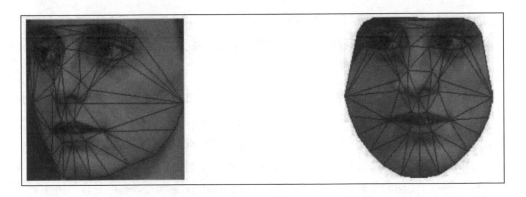

前面的螢幕截圖顯示了將「左側圖像中的所有映射三角形」翹曲到「平均參考幀」的結果。

模型實例化：把玩 AAM

AAMs 有一個有趣的地方，它能輕鬆地對我們訓練圖像的模型進行內插（interpolate）。調整幾個形狀或模型參數後，我們將會習慣它們驚人的代表能力。當我們改變形狀參數時，翹曲的目標會「根據訓練的形狀資料」而改變。另一方面，當外觀參數被改變時，基本形狀上的紋理也將跟著改變。我們的翹曲變換會將每個三角形從「基本形狀」變換到「修改後的目標形狀」，這樣我們就可以在張開的嘴巴上合成（synthesize）一個閉合的嘴巴，如下圖所示：

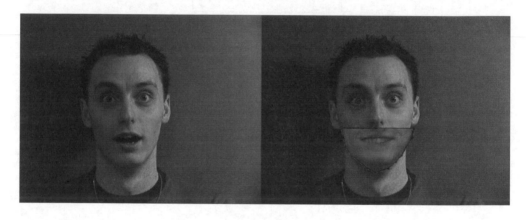

前面的螢幕截圖顯示了一個「透過主動外觀模型實例化」所合成的閉合嘴巴，並置於另一張圖像上面。它展示了如何將「一張微笑的嘴」和「另一張受人仰慕的臉」結合起來，外推（extrapolating）訓練的圖像。

前面的截圖是透過改變「僅僅 3 個形狀參數和 3 個紋理參數」所獲得的，而這正是 AAMs 的目標。我們已經開發了一個範例應用程式，可以在 http://www.packtpub.com/ 上取得，來試用 AAM。實例化一個新模型只是滑動方程式參數的問題，就像在「感受一下 PCA」那一節中所定義的那樣。你會發現「AAM 搜尋和擬合」依賴於這種靈活性，才能在與訓練過的模型的「不同位置上」，找到「模型的給定擷取幀」的最佳匹配。我們將在下一節中看到這一點。

AAM 搜尋與擬合

透過我們全新的「結合形狀和紋理的模型」，我們找到一種很好的方法來描述一張臉「如何不只改變形狀，而且還能改變外觀」。現在，我們想要找到那一組形狀 **p** 和外觀 **λ** 參數，能讓我們的模型盡可能地接近「給定的輸入圖像 **I(x)**」。我們可以自然地在 **I(x)** 座標系中計算「我們的實例化模型」和「給定輸入圖像」之間的誤差，或者將這些點映射回「基本外觀」，並在那裡計算差值。我們將使用後面的方法。這樣一來，我們希望最小化以下函式：

$$\sum_{\mathbf{x} \in s_0} \left[A_0(\mathbf{x}) + \sum_{i=1}^{m} \lambda_i A_i(\mathbf{x}) - I(\mathbf{W}(\mathbf{x}; \mathbf{p})) \right]^2$$

在前面的方程式中，**S0** 表示像素 **x** 的集合，這等於 AAMs 基本網格中的 **(x,y)T**；**A0(x)** 是我們的基本網格紋理；**Ai(x)** 是 PCA 產生的外觀圖片；而 **W(x;p)** 是從輸入圖像像素回到基本網格幀的翹曲。

經過多年的研究，已有幾種方法來達成這種最小化。第一個想法是使用添加的方式，在這裡 Δπ 和 Δλi 以誤差圖像的線性函式計算，然後形狀參數 **p** 和外觀 **λ** 在迭代中以 pi ← pi + Δpi 和 λi ← λi + Δλi 進行更新。

雖然收斂（convergence）有時會發生，但 Δ 並不總是依賴目前的參數，這可能會導致發散（divergence）。另一種以梯度下降演算法為基礎的方法速度非常緩慢，因此，需要尋找另一種收斂方法。不是更新參數，而是可以更新整個翹曲。以這種方式，Ian Mathews 和 Simon Baker 在一篇著名的論文《Active Appearance Models Revisited》之中提出了一種「複合式」的方法。在該文中可以找到更多細節，但它對擬合的重要貢獻在於「它將最密集的計算」帶入了前計算的步驟（pre-compute step），如底下截圖所示：

Pre-compute:

    (3) Evaluate the gradient ∇A_0 of the template $A_0(\mathbf{x})$

    (4) Evaluate the Jacobian $\frac{\partial \mathbf{W}}{\partial \mathbf{p}}$ at $(\mathbf{x}; 0)$

    (5) Compute the modified steepest descent images using Equation (41)

    (6) Compute the Hessian matrix using modified steepest descent images

Iterate:

    (1) Warp I with $\mathbf{W}(\mathbf{x}; \mathbf{p})$ to compute $I(\mathbf{W}(\mathbf{x}; \mathbf{p}))$

    (2) Compute the error image $I(\mathbf{W}(\mathbf{x}; \mathbf{p})) - A_0(\mathbf{x})$

    (7) Compute dot product of modified steepest descent images with error image

    (8) Compute $\Delta\mathbf{p}$ by multiplying by inverse Hessian

    (9) Update the warp $\mathbf{W}(\mathbf{x}; \mathbf{p}) \leftarrow \mathbf{W}(\mathbf{x}; \mathbf{p}) \circ \mathbf{W}(\mathbf{x}; \Delta\mathbf{p})^{-1}$

Post-computation:

    (10) Compute λ_i using Equation (40). [Optional step]

請注意，更新是按照步驟 9 所示的複合步驟所進行的（參見前面的螢幕截圖）。該文公式 40 和 41 的截圖如下：

$$\lambda_i = \sum_{\mathbf{x} \in s_0} A_i(\mathbf{x}) \cdot [I(\mathbf{W}(\mathbf{x}; \mathbf{p})) - A_0(\mathbf{x})], \tag{40}$$

$$\text{SD}_j(\mathbf{x}) = \nabla A_0 \frac{\partial \mathbf{W}}{\partial p_j} - \sum_{i=1}^{m} \left[\sum_{\mathbf{x} \in s_0} A_i(\mathbf{x}) \cdot \nabla A_0 \frac{\partial \mathbf{W}}{\partial p_j} \right] A_i(\mathbf{x}) \tag{41}$$

儘管剛才提到的演算法在最後一個位置附近的收斂性很好，但在旋轉、平移或縮放方面存在很大差異時，情況可能就不是這樣了。我們可以透過參數化一個全域 2D 相似變換（global 2D similarity transform），來給收斂更多的資訊。這是該文的公式 42，如下圖所示：

$$\mathbf{N}(\mathbf{x}; \mathbf{q}) = \begin{pmatrix} (1+a) & -b \\ b & (1+a) \end{pmatrix} \begin{pmatrix} x \\ y \end{pmatrix} + \begin{pmatrix} t_x \\ t_y \end{pmatrix}$$

在上式中，四個參數 q = (a, b, tx, ty) 有如下解釋：第一對 (a,b) 與縮放 k 和旋轉 θ 有關，a = k cosθ- 1，而 b = k sinθ。第二對 (tx, ty) 是 x 和 y 的平移，就像在《Active Appearance Models Revisited》論文中所述。

透過更多的數學變換，你終於可以使用前面的演算法，透過全域 2D 變換找到最佳的圖像。

由於翹曲複合演算法（warp compositional algorithm）具有許多效能優勢，我們將使用 AAM 再訪論文中描述的演算法：逆複合外投影演算法（inverse compositional project-out algorithm）。記住，在這種方法之中，擬合過程中外觀變化的影響可以「預先被計算或被外投影」，進而提高 AAM 的擬合效能。

下面的截圖顯示了來自 MUCT 資料集的不同圖像的收斂；這些收斂使用了逆複合外投影 AAM 擬合演算法：

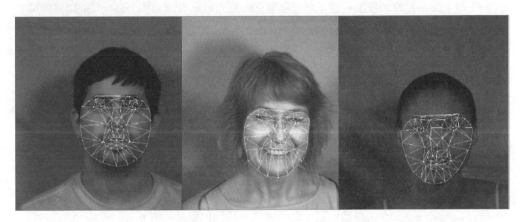

前面的截圖顯示了在 AAM 訓練集之外的臉上使用「逆複合外投影 AAM 擬合演算法」的「成功收斂結果」。

POSIT

在找到地標點的 2D 位置後，我們可以使用 POSIT 推導出模型的 3D 姿勢。3D 物體的姿勢 P 定義為 3×3 旋轉矩陣 R 和 3D 平移向量 T；因此，P = [R | T]。

 本節大部分內容是以 Javier Barandiaran 的 OpenCV POSIT 教學為基礎。

顧名思義，POSIT 在多次迭代中使用了**比例正交投影**（Pose from Orthography and Scaling； POS）演算法，因此它是迭代 **POS** 的縮寫。它的運作原理是，我們可以在圖像中「偵測」和「匹配」物體的四個或更多「非共面特徵點」（non-coplanar feature points），並知道它們在物體上的相對幾何形狀。

該演算法的主要思想是，因為模型點的深度差距並不大（相較於相機到人臉的距離），我們可以假設所有模型點都在同一個平面上，並找到很好的物體姿勢近似值。在得到初始姿勢之後，可以透過解「線性系統」來找到物體的「旋轉矩陣」和「平移向量」。然後，迭代地使用近似姿勢來更好的計算「特徵點的比例正交投影」，然後將 POS 應用於這些投影，而不是原始投影。要了解更多資訊，您可以參考這篇由 DeMenton 撰寫的論文《Model-Based Object Pose in 25 Lines of Code》。

深入 POSIT

為了讓 POSIT 能夠運作，您需要至少 4 個非共面 3D 模型點及它們在 2D 圖像中的匹配。因為 POSIT 是迭代演算法，我們將加入終止條件，它通常是一個迭代數或距離參數。然後呼叫 calib3d_c.h 中的 cvPOSIT 函式，得到旋轉矩陣和平移向量。

作為範例，我們將跟隨 Javier Barandiaran 的教學，該教學使用 POSIT 來獲得立方體的姿勢（the pose of a cube）。模型由四個點所建立。初始化程式碼如下：

```
float cubeSize = 10.0;
std::vector<CvPoint3D32f> modelPoints;
modelPoints.push_back(cvPoint3D32f(0.0f, 0.0f, 0.0f));
modelPoints.push_back(cvPoint3D32f(0.0f, 0.0f, cubeSize));
modelPoints.push_back(cvPoint3D32f(cubeSize, 0.0f, 0.0f));
modelPoints.push_back(cvPoint3D32f(0.0f, cubeSize, 0.0f));
CvPOSITObject *positObject = cvCreatePOSITObject( &modelPoints[0],
  static_cast<int>(modelPoints.size()) );
```

注意，模型本身是用 cvCreatePOSITObject 方法建立的，該方法回傳將在 cvPOSIT 函式中使用的 CvPOSITObject 方法。請注意，姿勢將根據第一個模型點計算，因此將它放在原點會是一個好主意。

然後我們需要把 2D 圖像點放到另一個向量之中。記住，它們必須按照「與插入模型點相同的順序」放置在陣列中；這樣一來，**第 i 個** 2D 圖像點將與**第 i 個** 3D 模型點匹配。這裡有一個小問題，2D 圖像點的原點位於圖像的中心，你可能需要平移它們。你可以插入以下 2D 圖像點（當然，它們會根據使用者的匹配而改變）：

```
std::vector<CvPoint2D32f> srcImagePoints;
srcImagePoints.push_back( cvPoint2D32f( -48, -224 ) );
srcImagePoints.push_back( cvPoint2D32f( -287, -174 ) );
srcImagePoints.push_back( cvPoint2D32f( 132, -153 ) );
srcImagePoints.push_back( cvPoint2D32f( -52, 149 ) );
```

現在，您只需要爲矩陣分配記憶體，並建立終止條件，然後呼叫 cvPOSIT，如下面的程式碼片段所示：

```
//Estimate the pose
float* rotation_matrix = new float[9];
float* translation_vector = new float[3];
CvTermCriteria criteria = cvTermCriteria(CV_TERMCRIT_EPS |
  CV_TERMCRIT_ITER, 100, 1.0e-4f);
cvPOSIT( positObject, &srcImagePoints[0], FOCAL_LENGTH, criteria,
  rotation_matrix, translation_vector );
```

在迭代之後，cvPOSIT 將結果儲存在 rotation_matrix 和 translation_vector 之中。下面的截圖以白色圓點顯示了插入的 srcImagePoints，以及顯示了旋轉和平移結果的座標軸：

參考前面的截圖，我們來看看執行 POSIT 演算法的輸入點和結果：

- 白色的圓圈表示輸入點，而座標軸表示產生的模型姿勢。

- 確保你使用的相機焦距是透過校準程序得到的。POSIT 目前的實作只允許正方形像素，因此在 **x 軸**和 **y 軸**上沒有焦距的空間。

- 預期的旋轉矩陣（rotation matrix）格式如下：

  - [rot[0] rot[1] rot[2]]

  - [rot[3] rot[4] rot[5]]

  - [rot[6] rot[7] rot[8]]

- 平移向量（translation vector）的格式如下：

  - [trans[0]]

  - [trans[1]]

  - [trans[2]]

POSIT 和頭部模型

為了使用 POSIT 作為頭部姿勢的工具，你將需要使用 3D 頭部模型。在 University of Coimbra 的 Institute of Systems and Robotics 有一個，可以在這裡找到：`http://aifi.isr.uc.pt/Downloads/OpenGL/glAnthropometric3DModel.cpp`。注意，該模型可從這裡取得：

```
float Model3D[58][3]= {{-7.308957,0.913869,0.000000}, ...
```

你可以在下方截圖中看到這個模型：

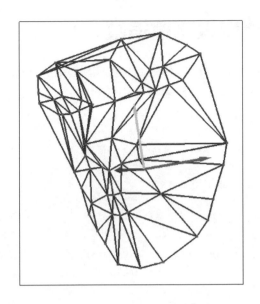

前面的螢幕截圖顯示了可用於 POSIT 的 **58 點** 3D 頭部模型。

為了讓 POSIT 運作，必須根據它來匹配 3D 頭部模型對應的點。注意，POSIT 至少需要「4 個非共面 3D 點」及「其對應的 2D 投影」才能運作，因此必須將它們作爲參數傳入，基本上與「深入 POSIT」小節中的描述相同。注意，這個演算法在匹配點的數量上是線性的。下面的截圖顯示了如何完成匹配：

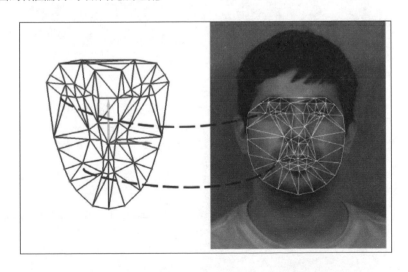

前面的螢幕截圖顯示了 3D 頭部模型和 AAM 網格的正確匹配點。

從網路攝影機或視訊檔追蹤

現在所有的工具都已經準備好要來取得 6 自由度頭部追蹤了，我們可以將其應用於攝影機串流或視訊檔。OpenCV 提供了 VideoCapture 類別，可以透過以下方式使用（詳情請參閱第 1 章中的「存取攝影機」一節）：

```cpp
#include "opencv2/opencv.hpp"

using namespace cv;

int main(int, char**)
{
  VideoCapture cap(0);// opens the default camera, could use a
                      // video file path instead
  if(!cap.isOpened()) // check if we succeeded
    return -1;

  AAM aam = loadPreviouslyTrainedAAM();
  HeadModel headModel = load3DHeadModel();
  Mapping mapping = mapAAMLandmarksToHeadModel();

  Pose2D pose = detectFacePosition();

  while(1)
  {
    Mat frame;
    cap >> frame; // get a new frame from camera

    Pose2D new2DPose = performAAMSearch(pose, aam);
    Pose3D new3DPose = applyPOSIT(new2DPose, headModel, mapping);

    if(waitKey(30) >= 0) break;
  }

  // the camera will be deinitialized automatically in VideoCapture
  // destructor
  return 0;
}
```

演算法運作如下：視訊擷取是透過 VideoCapture cap(0) 進行初始化，以使用預設攝影機。現在視訊擷取已經準備好了，我們還需要載入經過訓練的主動外觀模型，該模型將出現在 loadPreviouslyTrainedAAM 偽程式碼的映射之中。我們也將「POSIT 的 3D 頭部模型」以及「地標點到 3D 頭部點的映射」載入到映射變數之中。

載入所有所需的內容以後，我們將需要從已知的姿勢（即已知的 3D 位置、已知的旋轉，以及已知的 AAM 參數集）初始化演算法。這可以透過 OpenCV 裡詳盡記錄的「Haar 特徵分類器人臉偵測器」來自動完成（更多細節，請見第 4 章的「人臉偵測」小節，或 OpenCV 的級聯分類器文件），或者，我們可以從先前標注的幀「手動」初始化姿勢。也可以使用暴力方法，即對每個矩形執行 AAM 擬合，因為它只會在第一幀中表現得非常緩慢。注意，關於初始化，我們指的是透過 AAM 的參數找到它的 2D 地標。

載入所有內容之後，我們可以迭代由 while 迴圈構成的主迴圈。在這個迴圈中，我們首先查詢下一個擷取的幀，然後執行一個主動外觀模型擬合，使我們可以在下一個幀中找到地標。由於目前的位置在此步驟中非常重要，我們將其作為參數傳遞給「偽程式碼函式」 performAAMSearch(pose,aam)。如果我們找到目前的姿勢（以誤差圖像收斂為信號），我們就會得到下一個地標位置，如此一來，我們就可以提供給 POSIT。這發生在以下行之中：applyPOSIT(new2DPose, headModel, mapping)；在這裡，「新的 2D 姿勢」被作為參數傳遞，我們之前載入的「headModel」和「映射」也是。在此之後，我們可以在獲得的姿勢上渲染任何 3D 模型，像是一個「座標軸」或「擴增實境模型」。因為我們有了地標，透過模型參數化可以得到更多有趣的效果，例如：張開嘴，或者改變眉毛的位置。

由於這個程序依賴「前一個姿勢」進行下一個估計，我們可能會累積「誤差」並偏離頭部位置。有一種解決的方法，即每次發生時「重新初始化程序」，檢查一個給定的錯誤圖像臨界值。另一個需要注意的因素是追蹤時「濾波器的使用」，因為抖動（jittering）可能會發生。對每個平移和旋轉座標進行簡單的均值濾波（mean filter）可以得到不錯的結果。

總結

在本章中，我們討論了如何將「主動外觀模型」與「POSIT 演算法」相結合，以獲得一個 3D 頭部姿勢。本章概述了如何建立、訓練和操作 AAMs，你可以將此背景用於任何其

他領域,例如:醫學、成像(imaging),或工業(industry)。除了處理 AAMs,我們還熟悉了 Delaunay 分割,並學到如何使用三角網格(triangulated mesh)這樣有趣的結構。我們還展示了如何使用 OpenCV 函式在三角形中執行「紋理映射」。另一個有趣的主題是「AAM 擬合」。雖然只描述了「逆複合外投影演算法」,但僅使用它的輸出,就能很容易地獲得「必須花費多年研究」才能得到的結果。

經過足夠的 AAMs 理論和實踐之後,我們深入研究了 POSIT 的細節,以便將 2D 測量與 3D 測量結合起來,並解釋了如何使用「模型點之間的匹配」來擬合 3D 模型。本章的最後,我們展示了如何在一個「偵測式線上臉部追蹤器」中使用所有工具,產生 6 自由度的頭部姿勢:3 度旋轉,3 度平移。本章的完整程式碼可在此下載:http://www.packtpub.com/。

參考文獻

- Active Appearance Models, T.F. Cootes, G. J. Edwards, and C. J. Taylor, ECCV, 2:484-498, 1998;(http://www.cs.cmu.edu/~efros/courses/AP06/Papers/cootes-eccv-98.pdf)

- Active Shape Models-Their Training and Application, T.F. Cootes, C.J. Taylor, D.H.Cooper, and J. Graham, Computer Vision and Image Understanding, (61): 38-59, 1995;(http://www.wiau.man.ac.uk/~bim/Papers/cviu95.pdf)

- The MUCT Landmarked Face Database, S. Milborrow, J. Morkel, and F. Nicolls, Pattern Recognition Association of South Africa, 2010;(http://www.milbo.org/muct/)

- The IMM Face Database - An Annotated Dataset of 240 Face Images, Michael M. Nordstrom, Mads Larsen, Janusz Sierakowski, and Mikkel B.Stegmann, Informatics and Mathematical Modeling, Technical University of Denmark, 2004;(http://www2.imm.dtu.dk/~aam/datasets/datasets.html)

- Sur la sphère vide, B. Delaunay, Izvestia Akademii Nauk SSSR, Otdelenie Matematicheskikh i Estestvennykh Nauk, 7:793-800, 1934

- Active Appearance Models for Facial Expression Recognition and Monocular Head Pose Estimation Master Thesis, P. Martins, 2008

- Active Appearance Models Revisited, International Journal of Computer Vision, Vol. 60, No. 2, pp. 135 - 164, I. Mathews and S. Baker, November, 2004；（http://www.ri.cmu.edu/pub_files/pub4/matthews_iain_2004_2/matthews_iain_2004_2.pdf）

- POSIT Tutorial, Javier Barandiaran；（http://opencv.willowgarage.com/wiki/Posit）

- Model-Based Object Pose in 25 Lines of Code, International Journal of Computer Vision, 15, pp. 123-141, Dementhon and L.S Davis, 1995；（http://www.cfar.umd.edu/~daniel/daniel_papersfordownload/Pose25Lines.pdf）

6

使用 Eigenface 或 Fisherface 進行人臉辨識

在本章中，我們將介紹以下內容：

- 人臉偵測（Face detection）
- 人臉預處理（Face preprocessing）
- 用收集的人臉「訓練」機器學習演算法
- 人臉辨識（Face recognition）
- 收尾工作

人臉辨識與人臉偵測概論

人臉辨識是替已知的臉「貼上標籤」的過程。就像人類只要看到臉，就能辨識他們的家人、朋友和名人一樣，電腦也有許多技術，用來辨識一張已知的臉。

這一般包括四個主要步驟：

1. **人臉偵測**：這是在圖像中定位（locate）人臉區域的過程（下方截圖中心附近的大矩形）。這個步驟不在乎這個人是誰，只要它是一張人臉（human face）。

2. **人臉預處理**：調整人臉圖像，使它看起來更清晰、更近似其他人臉（下圖中間上方的小灰階人臉）。

3. **收集和學習人臉**：儲存許多經過預處理的人臉（對每個需要被辨識的人），然後學習如何辨識它們。

4. **人臉辨識**：這是一個檢查被收集的人中「哪一個」與「相機中的人臉」最相似的過程（下圖右上角的小矩形）。

> ⓘ 請注意，「**人臉辨識**」常被一般大眾用來指稱「搜尋人臉位置」（也就是 face detection，如步驟 1 所述），但是本書的正式定義將使用步驟 4 作為人臉辨識（recognition），以及步驟 1 作為人臉偵測（detection）。

下面的螢幕截圖顯示了最終的 WebcamFaceRec 專案，包括右上角的一個小矩形，重點展示了被辨識的人。也請同時注意預處理人臉（即矩形中間上方的小臉）旁邊的信心度條（confidence bar），在這個例子中，它顯示了「大約有 70% 的信心」它已經辨識出了「正確的人」：

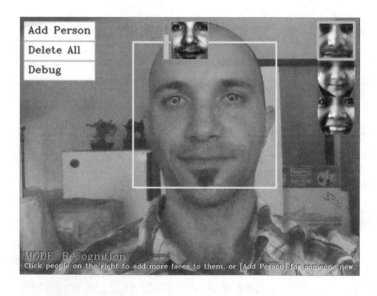

目前的人臉「偵測」技術在現實環境中已經非常可靠，然而，目前的人臉「辨識」技術在現實環境中的使用，就不那麼可靠了。例如：我們可以很輕易地找到「顯示人臉辨識準確率超過 95%」的研究論文，但當你親自測試這些演算法時，你可能會發現「準確率低於 50%」。這是因為目前的人臉辨識技術對圖像中的精確條件（exact conditions）非常敏感，例如：燈光的類型、燈光和陰影的方向、人臉的準確方向、臉部表情以及人目前的情緒等等。如果它們在訓練（收集圖像）和測試（用相機圖像）時都維持不變，那麼人

臉辨識應該可以順利運作，但如果一個人站在房間裡燈光的「左邊」進行訓練，然後站在「右邊」用相機測試，產生的結果可能很差。因此用於訓練的資料集是非常重要的。

人臉預處理（步驟 2）的目的就是減少這些問題。例如：確保臉看起來「保持相似的亮度和對比」，或者確保臉部的特徵「保持在相同的位置」（像是將眼睛或鼻子對齊至特定的位置）。一個好的人臉預處理階段有助於提高整個人臉辨識系統的可信度，因此，本章將重點介紹「人臉預處理」的方法。

儘管媒體總是大肆宣傳人臉辨識在安全方面的應用，可單靠目前的人臉辨識技術，對任何真正的安全系統來說並不可靠。不過，它們可以應用在不需要高可信度的地方，例如：當不同的人進入房間時，播放個人化音樂；或一隻看到你的時候，會說出你的名字的機器人。人臉辨識也有各種實際的擴充，例如：性別辨識（gender recognition）、年齡辨識（age recognition）和情感辨識（emotion recognition）。

步驟 1：人臉偵測

至 2000 年為止，人們使用了許多不同的技術來尋找人臉，但所有這些技術要不是很緩慢，就是非常不可靠，或兩者皆是。技術在 2001 年發生了重大的改變，Viola 和 Jones 發明了物體偵測用的 Haar 式級聯分類器（Haar-based cascade classifier），並在 2002 年由 Lienhart 和 Maydt 對其進行了改良。其結果是一個既快速又可靠的物體偵測器（它可以在一般桌上型電腦上用 VGA 網路攝影機即時偵測人臉，也可以正確偵測約 95% 的正面人臉）。這個物體偵測器徹底改變了人臉辨識領域（以及機器人和電腦視覺領域），因為它終於允許即時人臉偵測和人臉辨識，尤其是 Lienhart 自己編寫了免費的 OpenCV 物體偵測器！它不僅適用於臉部正面，也適用於臉部側面（稱之為側臉，profile face）、眼睛、嘴巴、鼻子、公司商標，以及許多其他物件。

該物體偵測器在 OpenCV v2.0 中進行了擴充，使它也能用 LBP 特徵進行偵測（以 Ahonen、Hadid 和 Pietikainen 2006 年的成果為基礎）；因為 LBP 式的偵測器速度可能比 Haar 式偵測器快上好幾倍，且沒有許多 Haar 偵測器所具有的許可問題（licensing issues）。

Haar 式人臉偵測器的基本概念是，如果你觀察大多數正面的臉，「眼睛」區域的顏色應該比「前額」和「臉頰」來得深，「嘴巴」的區域應該比「臉頰」深…等等。它通常會進行 20 個像這樣的比較階段，以決定它是否為一張臉，但是它必須在圖像中「每個可能

的位置」和「每個可能的臉部大小」都這樣做，所以它實際上經常會在每張圖像上做「數千次檢查」。LBP 式人臉偵測器的基本概念與 Haar 式類似，但它使用像素強度直方圖比較（histograms of pixel intensity comparisons），例如：邊緣、角落和平面區域。

我們不需要讓人決定「哪種比較方式」最適合定義人臉，Haar 式和 LBP 式的人臉偵測器都可以被自動訓練來「從大量圖像中搜尋人臉」，並將資訊儲存爲 XML 檔，以利後續使用。這些級聯分類器偵測器通常使用「至少 1,000 張獨特的人臉圖像」和「10,000 張非人臉圖像」進行訓練（例如：樹木、汽車和文字的照片），即使在多核心桌上型電腦上，訓練過程也可能需要很長的時間（LBP 通常需要幾個小時，而 Haar 則需要一周！）

幸運的是，OpenCV 提供了一些經過訓練的 Haar 和 LBP 偵測器供你使用！實際上，只需將「不同的級聯分類器 XML 檔」載入到物體偵測器，並根據「所選擇的 XML 檔」來選擇 Haar 或 LBP 偵測器，你就可以偵測正臉、側臉（側視圖）、眼睛或鼻子。

▌使用 OpenCV 實作人臉偵測

如前所述，OpenCV v2.4 提供了各種預先訓練的 XML 偵測器，可以用於不同的目的。下表列出了一些最熱門的 XML 檔：

級聯分類器類型	XML 檔名
人臉偵測器（預設）	haarcascade_frontalface_default.xml
人臉偵測器（快速 Haar）	haarcascade_frontalface_alt2.xml
人臉偵測器（快速 LBP）	lbpcascade_frontalface.xml
側臉偵測器	haarcascade_profileface.xml
眼睛偵測器（分左右眼）	haarcascade_lefteye_2splits.xml
嘴巴偵測器	haarcascade_mcs_mouth.xml
鼻子偵測器	haarcascade_mcs_nose.xml
全身偵測器	haarcascade_fullbody.xml

在 OpenCV 根目錄底下，Haar 式偵測器儲存在 `datahaarcascades` 資料夾之中，LBP 式偵測器則儲存在 `datalbpcascades` 資料夾之中，例如：`C:opencvdatalbpcascades`。

我們想要在人臉辨識專案中偵測「正面的人臉」，所以我們要使用 LBP 人臉偵測器，因爲它是最快的，而且沒有專利許可的問題。請注意，這個 OpenCV v2.x 內建的「預先訓練的 LBP 人臉偵測器」沒有調整得像「預先訓練的 Haar 人臉偵測器」那麼好，因此如果

你想要更可靠的人臉偵測，那麼你可能需要訓練自己的 LBP 人臉偵測器，或使用 Haar 人臉偵測器。

載入 Haar 或 LBP 偵測器進行物體或人臉偵測

要執行物體或人臉偵測，首先必須使用 OpenCV 的 CascadeClassifier 類別載入預先訓練好的 XML 檔，如下所示：

```
CascadeClassifier faceDetector;
faceDetector.load(faceCascadeFilename);
```

只要提供不同的檔名，就可以載入 Haar 或 LBP 偵測器。在使用它時，一個常見的錯誤是提供了錯誤的資料夾或檔名，但是根據你的建置環境，load() 方法可能會回傳 false，或產生一個 c++ 例外（並以 assert error 結束你的程式）。所以最好使用 try... catch 區塊包圍 load() 方法，並在出現錯誤時向使用者顯示一條精美的錯誤訊息。許多初學者跳過錯誤檢查，但是當某些東西沒有正確載入時，向使用者顯示「幫助訊息」是非常重要的，否則你可能會花很長的時間 debug 程式碼的其他部分，最後才意識到某些東西沒有載入。一個簡單的錯誤資訊可以這樣顯示：

```
CascadeClassifier faceDetector;
try {
  faceDetector.load(faceCascadeFilename);
} catch (cv::Exception e) {}
if ( faceDetector.empty() ) {
  cerr << "ERROR: Couldn't load Face Detector (";
  cerr << faceCascadeFilename << ")!" << endl;
  exit(1);
}
```

存取網路攝影機

若要從一台電腦上的網路攝影機或是視訊檔案擷取幀，你只須要呼叫 VideoCapture::open() 函式，提供攝影機號碼或視訊檔案名稱，然後使用 C++ 串流運算子擷取幀，就像在第 1 章「存取攝影機」一節中所提到的。

使用 Haar 或 LBP 分類器偵測物體

現在我們已經載入了分類器（只須在初始化時載入一次），我們可以使用它來偵測每個新相機幀中的人臉。但首先我們需要對相機圖像進行一些初步的處理，只是為了人臉偵測，具體步驟如下：

1. **灰階顏色轉換（Grayscale color conversion）**：人臉偵測只對灰階圖像有效。所以我們應該把彩色的相機幀轉換成灰階。

2. **縮小攝影機圖像（Shrinking the camera image）**：人臉偵測的速度取決於輸入圖像的大小（對於大圖像來說速度很慢，對於小圖像而言速度則較快），但即使是低解析度，偵測仍然是相當可靠的。因此，我們應該將攝影機圖像縮小到一個「更合理的大小」（或者替偵測器中的 minFeatureSize 設定一個較大的值，稍後將作說明）。

3. **直方圖等化（Histogram equalization）**：人臉偵測在「弱光照條件」下並不可靠。因此，我們應該進行直方圖等化來「提高對比和亮度」。

灰階顏色轉換

我們可以使用 cvtColor() 函式輕鬆地將「RGB 彩色圖像」轉換為「灰階圖像」。但是，只有當我們知道我們有彩色圖像時（也就是說，它不是灰階相機），才應該這樣做，而且我們必須指定輸入圖像的「格式」（通常是桌面上的 3 通道 BGR，或行動裝置的 4 通道 BGRA）。所以我們應該允許三種不同的輸入顏色格式，如底下的程式碼所示：

```
Mat gray;
if (img.channels() == 3) {
  cvtColor(img, gray, CV_BGR2GRAY);
}
else if (img.channels() == 4) {
  cvtColor(img, gray, CV_BGRA2GRAY);
}
else {
  // Access the grayscale input image directly.
  gray = img;
}
```

縮小相機圖像

我們可以使用 resize() 函式將圖像縮小到一定的尺寸或比例因數。人臉偵測通常在任何「大於240x240像素的圖像上」都能運作良好（除非你需要偵測遠離攝影機的人臉），因為它將搜尋任何「大於 minFeatureSize 的人臉」（通常為20x20像素）。所以讓我們把相機圖像縮小至320像素寬；不管輸入的是「VGA網路攝影機」還是「500萬像素的高清攝影機」。牢記和放大「偵測的結果」也很重要，因為如果在縮小的圖像中偵測人臉，那麼結果也會縮小。注意，你可以使用一個「較大的值」來設定偵測器中的 minFeatureSize 變數，而不是縮小輸入圖像。我們還必須確保圖像不會變胖或變瘦。例如：寬螢幕的800x400圖像縮小到300x200會讓人看起來很瘦。因此，我們必須確保「輸出」的比例（寬高比）與「輸入」的相同。讓我們計算圖像寬度應該縮小多少，然後對高度應用相同的比例因數，如下所示：

```
const int DETECTION_WIDTH = 320;
// Possibly shrink the image, to run much faster.
Mat smallImg;
float scale = img.cols / (float) DETECTION_WIDTH;
if (img.cols > DETECTION_WIDTH) {
  // Shrink the image while keeping the same aspect ratio.
  int scaledHeight = cvRound(img.rows / scale);
  resize(img, smallImg, Size(DETECTION_WIDTH, scaledHeight));
}
else {
  // Access the input directly since it is already small.
  smallImg = img;
}
```

直方圖等化

我們可以使用 equalizeHist() 函式輕鬆地執行直方圖等化來提高圖像的對比和亮度。有時這會使圖像看起來很奇怪，但一般來說，它應該提高亮度和對比，並幫助人臉偵測。equalizeHist() 函式的使用如下：

```
// Standardize the brightness & contrast, such as
// to improve dark images.
Mat equalizedImg;
equalizeHist(inputImg, equalizedImg);
```

偵測人臉

現在我們已經將圖像轉換爲灰階、縮小圖像，並等化了直方圖，我們已經準備好要使用 `CascadeClassifier::detectMultiScale()` 函式來偵測人臉了！我們需要給這個函式傳遞許多參數：

1. **minFeatureSize**：這個參數決定我們關心的「最小臉部尺寸」，通常是 20x20 或 30x30 像素，但這取決於你的使用情境和圖像大小。如果你正在網路攝影機或智慧型手機上執行人臉偵測，臉部總是會非常接近相機，你可以放大到 80 x 80 來加速偵測，或是如果你想偵測「遙遠的人臉」，例如：和朋友們在海灘上，那麼就讓它保持 20 x20。

2. **searchScaleFactor**：這個參數決定要搜尋多少「不同尺寸的人臉」；通常是 1.1，爲了良好的偵測；或者 1.2，爲了更快地偵測，但就不會經常發現人臉。

3. **minNeighbors**：這個參數決定了偵測器對於它所偵測到的人臉有多少把握，通常值爲 3，但是如果你想要更可靠的人臉，即使會有許多人臉沒被偵測到，你可以將它設定得更高。

4. **flags**：這個參數能允許你指定「搜尋所有的臉」（預設），還是只搜尋「最大的臉」（`CASCADE_FIND_BIGGEST_OBJECT`）。如果你只找最大的臉，它應該會跑得更快。你還可以加入其他幾個參數，使偵測速度快 1% 或 2%，例如：`CASCADE_DO_ROUGH_SEARCH` 或 `CASCADE_SCALE_IMAGE`。

`detectMultiScale()` 函式的輸出將是 `cv::Rect` 型別物件的 `std::vector`。例如：如果它偵測到兩張臉，那麼它將在輸出中「儲存兩個矩形的陣列」。`detectMultiScale()` 函式的使用如下：

```
int flags = CASCADE_SCALE_IMAGE; // Search for many faces.
Size minFeatureSize(20, 20); // Smallest face size.
float searchScaleFactor = 1.1f; // How many sizes to search.
int minNeighbors = 4; // Reliability vs many faces.

// Detect objects in the small grayscale image.
std::vector<Rect> faces;
faceDetector.detectMultiScale(img, faces, searchScaleFactor,
            minNeighbors, flags, minFeatureSize);
```

我們可以透過觀察矩形向量中儲存的元素數量，來判斷是否偵測到任何人臉；也就是使用 object.size() 函式。

如前所述，如果我們給人臉偵測器一個縮小的圖像，結果也會縮小，所以如果我們想知道原始圖像的人臉區域，我們需要放大它們。我們還要確保圖像邊界上的人臉完全在圖像之中，因為 OpenCV 現在會在「出現這種情況時」拋出例外，如下面的程式碼所示：

```
// Enlarge the results if the image was temporarily shrunk.
if (img.cols > scaledWidth) {
  for (int i = 0; i < (int)objects.size(); i++ ) {
    objects[i].x = cvRound(objects[i].x * scale);
    objects[i].y = cvRound(objects[i].y * scale);
    objects[i].width = cvRound(objects[i].width * scale);
    objects[i].height = cvRound(objects[i].height * scale);
  }
}
// If the object is on a border, keep it in the image.
for (int i = 0; i < (int)objects.size(); i++ ) {
  if (objects[i].x < 0)
    objects[i].x = 0;
  if (objects[i].y < 0)
    objects[i].y = 0;
  if (objects[i].x + objects[i].width > img.cols)
    objects[i].x = img.cols - objects[i].width;
  if (objects[i].y + objects[i].height > img.rows)
    objects[i].y = img.rows - objects[i].height;
}
```

注意，前面的程式碼將搜尋圖像中的「所有人臉」，但是如果你只關心一張人臉，你可以更改旗標變數如下：

```
int flags = CASCADE_FIND_BIGGEST_OBJECT |
            CASCADE_DO_ROUGH_SEARCH;
```

WebcamFaceRec 專案包含了一個 OpenCV Haar 或 LBP 偵測器的包裝（wrapper），使其更容易在圖像中找到人臉或眼睛。例如：

```
Rect faceRect;  // Stores the result of the detection, or -1.
int scaledWidth = 320; // Shrink the image before detection.
```

```
detectLargestObject(cameraImg, faceDetector, faceRect, scaledWidth);
if (faceRect.width > 0)
  cout << "We detected a face!" << endl;
```

現在我們有了一個人臉矩形，我們有許多方法來使用它，比如說，從原始圖像中「擷取」或「裁切」人臉圖像。下面的程式碼允許我們存取人臉：

```
// Access just the face within the camera image.
Mat faceImg = cameraImg(faceRect);
```

下圖則展示人臉偵測器產生的典型矩形區域（rectangular region）：

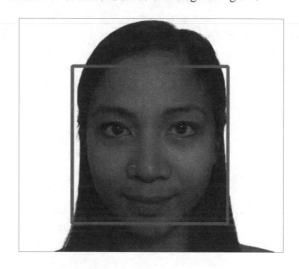

步驟 2：人臉預處理

如前所述，人臉辨識對於光照條件、人臉方向、臉部表情等方面的變化是極為脆弱的，所以我們必須盡可能地減少這些差異。否則，人臉辨識演算法常常會認為「在相同條件下兩張不同人臉之間的相似性」要多於「同一個人的兩張臉之間的相似性」。

人臉預處理最簡單的形式就是使用 equalizeHist() 函式應用直方圖等化，就像我們在人臉偵測之中所做的那樣。這對於一些「照明和位置條件變化不大的專案」來說已經足夠。但是為了在真實世界中的可信度，我們需要許多複雜的技術，包括臉部特徵偵測（例如：偵測眼睛、鼻子、嘴巴和眉毛）。而為了簡單起見，本章將只使用「眼睛偵測」，而忽略

其他臉部特徵，如嘴巴和鼻子這些比較沒那麼有用的部位。下圖顯示了一個典型的預處理人臉的放大圖，並使用了本節將要介紹的技術。

▌眼睛偵測

眼睛偵測對人臉預處理是非常有用的。因為在正面人臉中，你可以假設一個人的眼睛應該是水平的、位在臉部兩側的對應位置，且應該有相當標準的尺寸和位置（不論臉部表情變化、照明條件、相機屬性、相機距離等等）。

當人臉偵測器說它偵測到一張臉、但實際上卻是其他東西時，捨棄偽陽性（false positives）也是相當有用的。人臉偵測器和雙眼偵測器都「同時受騙」是相當罕見的，所以如果你只處理「同時偵測到一張臉和一雙眼睛的圖像」，就不會有許多的偽陽性（但可以進行處理的人臉也會比較少，因為眼睛偵測器不像人臉偵測器那麼常找到目標）。

OpenCV v2.4 中一些訓練過的眼睛偵測器可以偵測眼睛是「睜開的」還是「閉上的」，而另一些偵測器只能偵測「睜開的眼睛」。

可以偵測睜開或閉上的眼睛偵測器如下：

- haarcascade_mcs_lefteye.xml（以及 haarcascade_mcs_righteye.xml）
- haarcascade_lefteye_2splits.xml（以及 haarcascade_righteye_2splits.xml）

只能偵測「睜開的眼睛」的眼睛偵測器如下：

- haarcascade_eye.xml
- haarcascade_eye_tree_eyeglasses.xml

> ⓘ 因為睜眼或閉眼偵測器指定了它們在「哪隻眼睛上」進行訓練，你需要在左眼和右眼上使用「不同的偵測器」，但僅用於睜眼的偵測器可以在左右眼上使用「相同的偵測器」。
>
> haarcascade_eye_tree_eyeglasses.xml 偵測器可以偵測「戴眼鏡的人的眼睛」，但當他們不戴眼鏡時就不可靠了。
>
> 如果 XML 檔名說的是**左眼**，它的意思是人的「實際左眼」，因此在攝影機圖像中，它通常會出現在「臉的右邊」，而不是左邊！
>
> 上面提到的四種眼睛偵測器的排列序列，大致是從「最可靠的」到「最不可靠的」，所以如果你知道你不需要找到戴眼鏡的人，那麼第一個偵測器可能是最好的選擇。

▌眼睛搜尋區域

使用眼睛偵測時，將輸入圖像裁切至「只顯示大致的眼睛區域」是很重要的，就像做人臉偵測的時候一樣，然後裁切至一個左眼位置的小矩形（如果你使用的是左眼偵測器的話），然後使用右眼偵測器，同樣地裁切右側矩形。

如果你直接對整張臉或整張照片進行眼睛偵測，那麼速度會慢很多，也比較不可靠。不同的眼睛偵測器適用於不同的臉部區域，例如：haarcascade_eye.xml 偵測器在搜尋「非常靠近實際眼睛周圍的區域」時，效果最好；而 haarcascade_mcs_lefteye.xml 和 haarcascade_lefteye_2splits.xml 偵測器則是「在眼睛周圍的大區域」運作時，效果最好。

當你使用了 LBP 人臉偵測器，以及偵測到的「人臉矩形內的相對座標」，下表列出了「不同的眼睛偵測器」在人臉中的一些適當搜尋區域：

級聯分類器	EYE_SX	EYE_SY	EYE_SW	EYE_SH
haarcascade_eye.xml	0.16	0.26	0.30	0.28
haarcascade_mcs_lefteye.xml	0.10	0.19	0.40	0.36
haarcascade_lefteye_2splits.xml	0.12	0.17	0.37	0.36

下面是從偵測到的人臉中擷取左眼和右眼區域的原始碼：

```
int leftX = cvRound(face.cols * EYE_SX);
int topY = cvRound(face.rows * EYE_SY);
int widthX = cvRound(face.cols * EYE_SW);
int heightY = cvRound(face.rows * EYE_SH);
int rightX = cvRound(face.cols * (1.0-EYE_SX-EYE_SW));
Mat topLeftOfFace = faceImg(Rect(leftX, topY, widthX, heightY));
Mat topRightOfFace = faceImg(Rect(rightX, topY, widthX, heightY));
```

下圖顯示了不同眼睛偵測器的理想搜尋區域：其中 haarcascade_eye.xml 和 haarcascade_eye_tree_eyeglass.xml 檔在「較小的搜尋區域」效果最好；而 haarcascade_mcs_*eye.xml 和 haarcascade_* eye_2split.xml 檔在「較大的搜尋區域」效果最好。注意，下圖也顯示了「偵測到的人臉矩形」，以便了解與「偵測到的人臉矩形」相比，「眼睛搜尋區域」有多大：

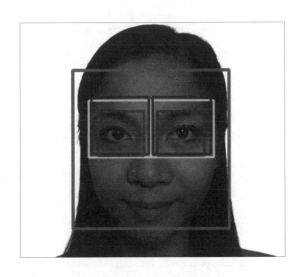

使用上表提供的眼睛搜尋區域時，不同眼睛偵測器的大致「偵測特性」如下：

級聯分類器	信度 *	速度 **	偵測眼睛	眼鏡
haarcascade_mcs_lefteye.xml	80%	18 毫秒	睜眼或閉眼	無
haarcascade_lefteye_2splits.xml	60%	7 毫秒	睜眼或閉眼	無
haarcascade_eye.xml	40%	5 毫秒	睜眼	無
haarcascade_eye_tree_eyeglasses.xml	15%	10 毫秒	睜眼	有

* **信度值（Reliability）**代表在「沒有佩戴眼鏡、雙眼都睜開」的情況下，LBP 偵測正面人臉後，雙眼被偵測到的頻率。如果眼睛是閉著的，那麼可信度可能會下降，或者，如果配戴了眼鏡，那麼可信度和速度都會下降。

** **速度（Speed）**代表在 Intel Core i7 2.2 GHz 上，320x240 像素的圖像「以毫秒為單位」的處理時間（1000 張照片平均）。當發現眼睛時，速度通常比「沒有發現眼睛時」快得多，因為它必須掃描整個圖像，但是 haarcascade_mcs_lefteye.xml 仍然比其他眼睛偵測器慢得多。

舉例說明：假設你將照片縮小到 320x240 像素，對其執行直方圖等化，使用「LBP 正面人臉偵測器」取得一張臉，使用 haarcascade_mcs_lefteye.xml 系列從該臉擷取「左眼區域和右眼區域」，然後對每個眼睛區域執行直方圖等化。那麼，如果你在左眼上使用 haarcascade_mcs_lefteye.xml 偵測器（實際上是圖像的右上方），並在右眼上使用 haarcascade_mcs_righteye.xml 偵測器（圖像的左上方），每個眼睛偵測器應該能在 90% 的「LBP 偵測到正面人臉的照片」上成功運作。因此，如果你想偵測兩隻眼睛，那麼它應該能在 80% 的「LBP 偵測到正面人臉的照片」上成功偵測。

請注意，雖然我們會建議在偵測人臉之前「縮小相機圖像」，但你應該在「全相機解析度下」偵測眼睛，因為眼睛顯然比人臉「小」得多，所以你需要盡可能地獲得最高的解析度。

從上表中可以看出，在選擇眼睛偵測器時，你應該決定是要「偵測閉著的眼睛」還是只「偵測睜開的眼睛」。記住，你甚至可以先用其中一個眼睛偵測器，如果它偵測不到眼睛，再試試另一個。

對許多任務來說，偵測到無論是睜開還是閉上的眼睛是很有用的，所以如果速度不是非常重要，最好先使用 mcs_*eye 偵測器搜尋；如果失敗了，再使用 eye_2split 偵測器搜尋。但是對人臉辨識來說，一個人在眼睛閉著的時候「看起來會很不一樣」，所以最好先用普通的 haarcascade_eye 偵測器搜尋。如果失敗了，再用 haarcascade_eye_tree_eyeglasses 偵測器搜尋。

我們可以使用「在人臉偵測時使用的同一個 detectLargestObject() 函式」來搜尋眼睛，但是在偵測眼睛之前，我們並不要求縮小圖像，而是指定完整的眼睛區域寬度，以獲得更好的眼睛偵測結果。使用一個偵測器搜尋左眼的作法相當簡單，如果失敗了，就嘗試另一個偵測器（右眼也是如此）。眼睛偵測做法如下：

```
CascadeClassifier eyeDetector1("haarcascade_eye.xml");
CascadeClassifier eyeDetector2("haarcascade_eye_tree_eyeglasses.xml");
...
Rect leftEyeRect; // Stores the detected eye.
// Search the left region using the 1st eye detector.
detectLargestObject(topLeftOfFace, eyeDetector1, leftEyeRect,
topLeftOfFace.cols);
// If it failed, search the left region using the 2nd eye
// detector.
if (leftEyeRect.width <= 0)
  detectLargestObject(topLeftOfFace, eyeDetector2,
          leftEyeRect, topLeftOfFace.cols);
// Get the left eye center if one of the eye detectors worked.
Point leftEye = Point(-1,-1);
if (leftEyeRect.width <= 0) {
  leftEye.x = leftEyeRect.x + leftEyeRect.width/2 + leftX;
  leftEye.y = leftEyeRect.y + leftEyeRect.height/2 + topY;
}
// Do the same for the right-eye
```

```
...
// Check if both eyes were detected.
if (leftEye.x >= 0 && rightEye.x >= 0) {
  ...
}
```

偵測到人臉和兩隻眼睛之後，我們將結合以下的方法進行人臉預處理：

- **幾何變換和裁切（Geometrical transformation and cropping:）**：這個程序包含了「縮放、旋轉和平移圖像」來對齊眼睛，接著從臉部圖像中「移除」額頭、下巴、耳朵和背景。
- **左右兩側分別進行直方圖等化（Separate histogram equalization for left and right sides）**：這個程序獨立地標準化了「臉部左右兩邊的亮度和對比」。
- **平滑化（Smoothing）**：這個程序使用「雙邊濾波器」來減少圖像雜訊。
- **橢圓遮罩（Elliptical mask）**：橢圓遮罩將從臉部圖像中移除一些「殘留的頭髮和背景」。

下圖顯示了將「人臉預處理的步驟 1 到 4」應用在「偵測到的人臉上」的結果。請留意最終的圖像如何在「臉的兩側上」都具有良好的亮度和對比，而原始圖像則沒有：

幾何變換

將所有的臉一起對齊是很重要的，否則人臉辨識演算法反而會「比較鼻子的一部分」和「眼睛的一部分」，等等。剛剛看到的人臉偵測輸出會提供對齊至某種程度的人臉，但並不十分準確（也就是說，人臉矩形不一定會從額頭上的同一點開始）。

為了對齊得更好，我們將使用眼睛偵測來對齊臉部，這樣偵測到的雙眼位置就可以「完美地對齊至想要的位置」。我們將使用 warpAffine() 函式進行幾何變換，這是一個可以同時完成四件事的單一運算：

- 轉動（Rotate）臉部，使兩隻眼睛保持水平
- 縮放（Scale）臉部，使兩隻眼睛之間的距離固定
- 平移（Translate）臉部，使眼睛保持水平置中，並位於一個所需的高度
- 裁切（Crop）臉部外圍，因為我們想要裁切掉「圖像背景、頭髮、額頭、耳朵和下巴」

仿射翹曲（Affine Warping）使用仿射矩陣將「偵測到的雙眼位置」變換到「所需的雙眼位置」，然後裁切到「所需的大小和位置」。為了產生這個仿射矩陣（affine matrix），我們必須取得雙眼之間的中心，計算「偵測到的雙眼」出現的角度，並觀察它們之間的距離，如下所示：

```
// Get the center between the 2 eyes.
Point2f eyesCenter;
eyesCenter.x = (leftEye.x + rightEye.x) * 0.5f;
eyesCenter.y = (leftEye.y + rightEye.y) * 0.5f;

// Get the angle between the 2 eyes.
double dy = (rightEye.y - leftEye.y);
double dx = (rightEye.x - leftEye.x);
double len = sqrt(dx*dx + dy*dy);

// Convert Radians to Degrees.
double angle = atan2(dy, dx) * 180.0/CV_PI;

// Hand measurements shown that the left eye center should
// ideally be roughly at (0.16, 0.14) of a scaled face image.
const double DESIRED_LEFT_EYE_X = 0.16;
const double DESIRED_RIGHT_EYE_X = (1.0f - 0.16);

// Get the amount we need to scale the image to be the desired
// fixed size we want.
const int DESIRED_FACE_WIDTH = 70;
const int DESIRED_FACE_HEIGHT = 70;
double desiredLen = (DESIRED_RIGHT_EYE_X - 0.16);
double scale = desiredLen * DESIRED_FACE_WIDTH / len;
```

現在，我們可以對人臉進行變換（旋轉、縮放和平移），使偵測到的雙眼位於「理想人臉中」所希望的眼睛位置，如下所示：

```
// Get the transformation matrix for the desired angle & size.
Mat rot_mat = getRotationMatrix2D(eyesCenter, angle, scale);
// Shift the center of the eyes to be the desired center.
double ex = DESIRED_FACE_WIDTH * 0.5f - eyesCenter.x;
double ey = DESIRED_FACE_HEIGHT * DESIRED_LEFT_EYE_Y -
  eyesCenter.y;
rot_mat.at<double>(0, 2) += ex;
```

```
rot_mat.at<double>(1, 2) += ey;
// Transform the face image to the desired angle & size &
// position! Also clear the transformed image background to a
// default grey.
Mat warped = Mat(DESIRED_FACE_HEIGHT, DESIRED_FACE_WIDTH,
  CV_8U, Scalar(128));
warpAffine(gray, warped, rot_mat, warped.size());
```

左右兩側分別進行直方圖等化

在現實世界的環境中,一邊的臉「光照強」,而另一邊的「光照弱」,這是很常見的。這對人臉辨識演算法有巨大的影響,因為同一張臉的「左右兩邊」看起來會像是完全不同的人。因此,我們將分別在臉的左半邊和右半邊進行直方圖等化,使人臉兩邊有標準化(standardized)的亮度和對比。

如果我們只是簡單地在左半邊應用直方圖等化,然後在右半邊應用,我們會在中間看到一條非常明顯的邊界,因為左邊和右邊的平均亮度可能是不同的。所以,為了消除這個邊界,我們將分別從左邊和右邊「往中間逐步地應用」兩個直方圖等化,然後混合一個全臉直方圖等化(whole-face histogram equalization),這樣一來,最左側會使用「左直方圖等化」,最右側會使用「右直方圖等化」,而中間部分則會使用左值或右值和全臉等化值的平滑混合(smooth mix)。

下圖展示了左等化、全等化和右等化的圖像是如何混合(blend)在一起的:

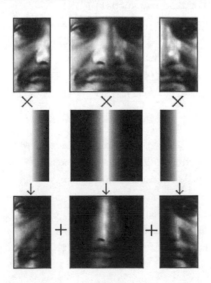

為了做到這件事，我們需要全臉等化、左臉等化和右臉等化的副本，做法如下：

```
int w = faceImg.cols;
int h = faceImg.rows;
Mat wholeFace;
equalizeHist(faceImg, wholeFace);
int midX = w/2;
Mat leftSide = faceImg(Rect(0,0, midX,h));
Mat rightSide = faceImg(Rect(midX,0, w-midX,h));
equalizeHist(leftSide, leftSide);
equalizeHist(rightSide, rightSide);
```

現在我們把這三張圖結合起來。由於圖像很小，我們可以簡單地使用 image.
at<uchar>(y,x) 函式直接存取像素，即使它很緩慢；因此，讓我們直接存取三張輸入圖
像和輸出圖像中的像素，來合併這三張圖像，如下所示：

```
for (int y=0; y<h; y++) {
  for (int x=0; x<w; x++) {
      int v;
      if (x < w/4) {
      // Left 25%: just use the left face.
      v = leftSide.at<uchar>(y,x);
  }
  else if (x < w*2/4) {
      // Mid-left 25%: blend the left face & whole face.
      int lv = leftSide.at<uchar>(y,x);
      int wv = wholeFace.at<uchar>(y,x);
      // Blend more of the whole face as it moves
      // further right along the face.
      float f = (x - w*1/4) / (float)(w/4);
      v = cvRound((1.0f - f) * lv + (f) * wv);
  }
  else if (x < w*3/4) {
      // Mid-right 25%: blend right face & whole face.
      int rv = rightSide.at<uchar>(y,x-midX);
      int wv = wholeFace.at<uchar>(y,x);
      // Blend more of the right-side face as it moves
      // further right along the face.
      float f = (x - w*2/4) / (float)(w/4);
      v = cvRound((1.0f - f) * wv + (f) * rv);
```

```
    }
    else {
        // Right 25%: just use the right face.
        v = rightSide.at<uchar>(y,x-midX);
    }
    faceImg.at<uchar>(y,x) = v;
} // end x loop
} //end y loop
```

雖然這種分別的直方圖等化可以顯著「降低」左右臉光照不同的影響，但我們必須了解「它無法完全消除單側光照的影響」，因為人臉是一個有許多陰影的複雜 3D 形狀。

平滑化

為了減少像素雜訊的影響，我們將在人臉上使用雙邊濾波器，因為雙邊濾波器非常擅長「在保持邊緣清晰的同時，同時平滑化大部分的圖像」。直方圖等化可能會顯著增加像素雜訊，因此，我們將濾波器強度設為 20，來處理較重（heavy）的像素雜訊，但是只使用兩個像素的鄰域，因為我們想用力地平滑「微小的像素雜訊」，但排除較大的圖像區域，如下所示：

```
Mat filtered = Mat(warped.size(), CV_8U);
bilateralFilter(warped, filtered, 0, 20.0, 2.0);
```

橢圓遮罩

雖然我們已經在幾何變換時移除了大部分的圖像背景、前額和頭髮，我們也可以應用一個橢圓遮罩，來清除一些角落區域，例如：可能在臉部陰影裡的脖子，特別是人臉沒有筆直看著鏡頭的時候。為了建立遮罩，我們將在白色圖像上畫一個填滿黑色的橢圓。橢圓的水平半徑為 0.5（也就是說，它完全覆蓋了臉部的寬）、垂直半徑則是 0.8（臉通常比寬更高），中心座標 0.5,0.4，如下圖所示，可以看到橢圓遮罩已經移除了臉部一些不必要的角落：

我們可以在呼叫 cv::setTo() 函式時應用遮罩，該函式一般會將整張圖像設定為某個像素值，但因為我們提供了一個遮罩圖像，它只會將某些部分設為「給定的像素值」。我們將用灰色填充圖像，使它與人臉其它部分的對比較小：

```
// Draw a black-filled ellipse in the middle of the image.
// First we initialize the mask image to white (255).
Mat mask = Mat(warped.size(), CV_8UC1, Scalar(255));
double dw = DESIRED_FACE_WIDTH;
double dh = DESIRED_FACE_HEIGHT;
Point faceCenter = Point( cvRound(dw * 0.5),
  cvRound(dh * 0.4) );
Size size = Size( cvRound(dw * 0.5), cvRound(dh * 0.8) );
ellipse(mask, faceCenter, size, 0, 0, 360, Scalar(0),
  CV_FILLED);

// Apply the elliptical mask on the face, to remove corners.
// Sets corners to gray, without touching the inner face.
filtered.setTo(Scalar(128), mask);
```

下面放大的圖像顯示了所有臉部預處理階段的範例結果。請留意在不同亮度、臉部旋轉、與攝影機的角度、背景、燈光位置等等情況下，人臉辨識結果更為一致（consistent）。這個經過預處理的人臉將作為人臉辨識階段的「輸入」，無論是在「收集人臉進行訓練」的時候，還是在「嘗試辨識輸入的人臉」的時候：

步驟 3：收集人臉並從中學習

收集人臉非常簡單，只需要將每個新的「經過預處理的人臉」放入預處理完的相機人臉陣列之中，並爲陣列元素貼上標籤（即指示臉孔來自哪一個人）。例如：你可以使用 10 張第一個人的預處理臉孔，和 10 張第二個人的預處理臉孔，如此一來，辨識演算法的輸入將會是一個 20 張預處理臉孔的陣列，和一個 20 個整數的陣列（其中前 10 個數字是 0，後 10 個數字是 1）。

接著，人臉辨識演算法將學習如何區分不同人的臉。這稱爲訓練階段（training phase），而收集到的人臉被稱爲訓練集（training set）。在人臉辨識演算法完成訓練之後，你可以將產生的知識儲存到一個檔案或記憶體之中，並在之後使用它來辨識「現在相機前面的人是誰」。這稱爲測試階段（testing phase）。如果你直接在攝影機輸入上使用它，那麼預處理後的人臉將被稱爲測試圖像（test image），而如果你使用許多圖像進行測試（例如：資料夾中的圖檔），那麼它將被稱爲測試集（testing set）。

「供一個良好的訓練集，並涵蓋你預期會出現在測試集中的變化類型」，是非常重要的。舉例來說，如果你只需要測試「面向正前方的人臉」（如身分證照片），那麼你也只需要提供「面向正前方的人臉」來進行測試。但是如果一個人可能在看左邊或上面，那你應該確保訓練集中包括這個人「這樣做」的臉孔，否則人臉辨識演算法將很難辨識他們，因爲他們的臉看起來會「很不一樣」。這也適用於其他因素，如臉部表情（例如：人在訓練集中保持微笑，但在測試集中卻沒有微笑）或照明方向（例如：強光在訓練集中位於左

手邊，但在測試集中卻位於右手邊），人臉辨識演算法將很難辨識它們。我們剛才看到的人臉預處理步驟將有助於減少這些問題，但它肯定無法完全消除這些因素，尤其是「人臉的方向」，因爲它對人臉中所有元素的位置都有很大的影響。

ℹ️ 　想要獲得良好的訓練集，並使其能夠涵蓋現實世界許多不同情況，我們必須讓每個人將他們的頭部轉向「左方、上方、右方、下方」，然後「面向正前方」。接著，讓這個人歪頭，然後上下擺動，同時也改變臉部表情，例如：在微笑、生氣、面無表情之間來回轉換。如果每個人在收集臉孔時都遵循這樣的程序，那麼在現實世界中辨識每個人的機會就會大上許多。

若要追求更好的結果，可以在其它一兩個位置或方向上再次執行這個程序，例如：把攝影機旋轉 180 度，走向攝影機的相反方向，然後重複整個程序，如此一來，訓練集將包含許多不同的照明條件。

所以，一般來說，每個人有 100 張訓練臉孔的話，很可能會比每個人只有 10 張訓練臉孔的結果更好；但如果所有 100 張臉孔看起來幾乎相同，那麼它仍然會有差勁的表現，因爲重要的是訓練集有「足夠的變化」來涵蓋測試集，而不僅僅是有大量的臉孔。因此，爲了確保訓練集中的人臉不會全部都太相似，我們應該在每張收集到的人臉之間「加入一個明顯的延遲」。例如：假設相機以每秒 30 幀的速度執行，它將在幾秒鐘內收集 100 張臉，但人還來不及四處移動，所以最好在人臉移動的同時，每秒只收集一張臉。而另一種增進訓練集變化的簡單方法，就是只收集「與之前收集的人臉」明顯不同的人臉。

▌收集經過預處理的人臉來進行訓練

爲了確保在收集的新臉孔之間有至少 1 秒的間隔，我們需要測量已經「經過了多少時間」。做法如下：

```
// Check how long since the previous face was added.
double current_time = (double)getTickCount();
double timeDiff_seconds = (current_time -
  old_time) / getTickFrequency();
```

爲了以每個像素逐一比較兩張圖像的相似度，你可以找出相對 L2 誤差，它只需要以一張圖像「減去」另一張圖像，然後計算它的平方合開根號。所以如果人完全沒有移動，從目前的臉孔減去上一張臉孔，應該會讓所有像素都得到「非常低的值」；但如果他們在任何方向上有稍微移動，像素相減會得到一個大數字，因此 L2 誤差將會很高。由於結果是

所有像素的總和，因此該值將取決於圖像的解析度。爲了得到平均誤差，我們應該用這個值「除以」圖像中像素的總數。讓我們把它放進一個方便的函式 getSimilarity()，如下所示：

```
double getSimilarity(const Mat A, const Mat B) {
    // Calculate the L2 relative error between the 2 images.
    double errorL2 = norm(A, B, CV_L2);
    // Scale the value since L2 is summed across all pixels.
    double similarity = errorL2 / (double)(A.rows * A.cols);
    return similarity;
}
...
// Check if this face looks different from the previous face.
double imageDiff = MAX_DBL;
if (old_prepreprocessedFacepreprocessedFace.data) {
    imageDiff = getSimilarity(preprocessedFace,
        old_prepreprocessedFace);
}
```

如果圖像移動不大，相似度通常會小於 0.2；如果圖像移動了，相似度通常會大於 0.4，因此我們使用 0.3 作爲收集新臉孔的臨界值。

我們可以使用許多技巧來獲得更多的訓練資料，例如：使用鏡射的臉、加入隨機雜訊、將臉孔平移幾個像素、縮放某個百分比，或旋轉幾度（雖然我們正是在人臉預處理時試圖消除這些影響！） 讓我們把「鏡射的臉」加入訓練集中，這樣我們不但有一個更大的訓練集，而且還減少了不對稱臉的問題，甚至也能減少「使用者在訓練時總是稍微向左或向右，但在測試時卻沒有」的問題。做法如下：

```
// Only process the face if it's noticeably different from the
// previous frame and there has been a noticeable time gap.
if ((imageDiff > 0.3) && (timeDiff_seconds > 1.0)) {
    // Also add the mirror image to the training set.
    Mat mirroredFace;
    flip(preprocessedFace, mirroredFace, 1);

    // Add the face & mirrored face to the detected face lists.
    preprocessedFaces.push_back(preprocessedFace);
    preprocessedFaces.push_back(mirroredFace);
```

```
        faceLabels.push_back(m_selectedPerson);
        faceLabels.push_back(m_selectedPerson);

        // Keep a copy of the processed face,
        // to compare on next iteration.
        old_prepreprocessedFace = preprocessedFace;
        old_time = current_time;
    }
```

這會將預處理過的人臉和那個人的標籤或 ID 編號（假設它在整數 m_selectedPerson 的變數中）收集到 std::vector 陣列 preprocessedFaces 和 faceLabels 之中。

為了更明顯地告訴使用者我們已經將他們「當下的臉孔」加入集合之中，你可以提供一個視覺提示，像是在整張圖像上顯示一個白色大矩形，或在一瞬之間只顯示他們的臉，讓他們明白照片被拍攝了。使用 OpenCV 的 C++ 介面，你可以使用 cv::Mat 的「+ 多載運算子」來將圖像的每個像素加上一個值，但最大不超過 255（使用 saturate_cast，這樣才不會從白色溢位到黑色！）假設 displayedFrame 是應該顯示的彩色相機幀的「副本」，在前面的人臉收集程式碼之後插入以下的程式碼：

```
        // Get access to the face region-of-interest.
        Mat displayedFaceRegion = displayedFrame(faceRect);
        // Add some brightness to each pixel of the face region.
        displayedFaceRegion += CV_RGB(90,90,90);
```

▌以收集的臉孔訓練人臉辨識系統

在為每個人收集到足夠的臉孔來進行辨識後，你必須使用適合人臉辨識的「機器學習演算法」來訓練系統「學習」這些資料。文獻中有許多不同的人臉辨識演算法，其中最簡單的是 Eigenfaces 和人工神經網路（Artificial Neural Networks）。Eigenfaces 往往比人工神經網路效果更好，而且儘管它相當簡單，但它和許多「更複雜的人臉辨識演算法」相比，效果幾乎一樣好，因此它已成為非常熱門的「初學者基本人臉辨識演算法」，以及新演算法的比較基礎。

建議想進一步研究人臉辨識的讀者，可以閱讀它們背後的理論：

- Eigenfaces（也稱為主成份分析；**Principal Component Analysis**；PCA）
- Fisherfaces（也稱為線性判別分析；**Linear Discriminant Analysis**；LDA）

- 其他經典的人臉辨識演算法（許多都可以在這裡找到：http://www.face-rec.org/algorithms/）

- 近期的電腦視覺研究論文中最新的人臉辨識演算法（例如：http://www.cvpapers.com/ 的 CVPR 和 ICCV），因為每年有數百篇人臉辨識論文發表

然而，你不需要理解這些演算法的理論，就可以像本書所示的那樣使用它們。感謝 OpenCV 團隊和 Philipp Wagner 貢獻的 libfacerec，OpenCV v2.4.1 提供了 cv::Algorithm 作為一種簡單且普遍的方法，來使用幾種不同演算法中的一種進行人臉辨識（甚至可以在執行期選擇），而不必了解它們是如何實作的。你可以使用 Algorithm::getList() 函式找到在你的 OpenCV 版本中可用的演算法，如以下程式碼：

```
vector<string> algorithms;
Algorithm::getList(algorithms);
cout << "Algorithms: " << algorithms.size() << endl;
for (int i=0; i<algorithms.size(); i++) {
  cout << algorithms[i] << endl;
}
```

下面是 OpenCV v2.4.1 中提供的三種人臉辨識演算法：

- FaceRecognizer.Eigenfaces：Eigenfaces，也被稱為 PCA，在 1991 年首次由 Turk 和 Pentland 使用。

- FaceRecognizer.Fisherfaces：Fisherfaces，也稱為 LDA，1997 年由 Belhumeur、Hespanha 和 Kriegman 所發明。

- FaceRecognizer.LBPH：局部二元圖形直方圖（Local Binary Pattern Histograms），2004 年由 Ahonen、Hadid 和 Pietikainen 所發明。

 關於這些人臉辨識演算法的資訊，可以在 Philipp Wagner 的網站上找到更多的文件、範例和 Python 實作：http://bytefish.de/blog 和 http://bytefish.de/dev/libfacerec/。

這些人臉辨識演算法可以透過 OpenCV contrib 模組中的 FaceRecognizer 類別取得。以動態連結技術為基礎，可能你的程式有連結到 contrib 模組，但它沒有在執行期實際載入（如果被認為不需要的話）。因此，建議在嘗試存取 FaceRecognizer 演算法之前呼叫 cv::initModule_contrib() 函式。該函式僅出現在 OpenCV v2.4.1 之後，因此它也確保人臉辨識演算法至少在編譯時被使用：

```
// Load the "contrib" module is dynamically at runtime.
bool haveContribModule = initModule_contrib();
if (!haveContribModule) {
  cerr << "ERROR: The 'contrib' module is needed for ";
  cerr << "FaceRecognizer but hasn't been loaded to OpenCV!";
  cerr << endl;
  exit(1);
}
```

要使用其中一種人臉辨識演算法，我們必須使用 cv::Algorithm::create<FaceRecognizer>() 函式來建立一個 FaceRecognizer 物件。我們將要使用的「人臉辨識演算法的名稱」作為字串，傳遞給這個 create 函式。這讓我們能夠使用該演算法，如果它有在我們所使用的 OpenCV 版本中的話。因此，它可以用作「執行期」錯誤檢查，以確保使用者具有 OpenCV v2.4.1 或更新版本。例如：

```
string facerecAlgorithm = "FaceRecognizer.Fisherfaces";
Ptr<FaceRecognizer> model;
// Use OpenCV's new FaceRecognizer in the "contrib" module:
model = Algorithm::create<FaceRecognizer>(facerecAlgorithm);
if (model.empty()) {
  cerr << "ERROR: The FaceRecognizer [" << facerecAlgorithm;
  cerr << "] is not available in your version of OpenCV. ";
  cerr << "Please update to OpenCV v2.4.1 or newer." << endl;
  exit(1);
}
```

一旦我們載入了 FaceRecognizer 中的演算法，我們只須要呼叫 FaceRecognizer::train() 函式，並傳入我們所收集的臉孔資料，如下：

```
// Do the actual training from the collected faces.
model->train(preprocessedFaces, faceLabels);
```

這一行程式碼將執行整個你所選擇的人臉辨識訓練演算法（例如：Eigenfaces、Fisherfaces 或其他演算法）。如果你只有幾個人以及少於 20 張的臉孔，那麼這個訓練應該很快就會返回，但是如果你有許多人的許多張臉孔，那麼 train() 函式可能需要幾秒鐘甚至幾分鐘來處理所有的資料。

查看所學知識

雖然不是必需的，但查看「人臉辨識演算法」並學習「訓練資料時所產生的內部資料結構」是相當有用的，特別是如果你理解所選擇的演算法「背後的理論」，又想確認它是否順利運作，或找出它為什麼不像你所希望的那樣運作。不同演算法的內部資料結構可能會有所不同，但幸運的是，它們在 Eigenfaces 和 Fisherfaces 中是相同的，所以就讓我們來看看這兩個。它們都以 1D 特徵向量矩陣為基礎，看作 2D 圖像時，有點像人臉，因此通常會在使用 **Eigenface 演算法**時將特徵向量稱為 Eigenfaces，而在使用 **Fisherface 演算法**時將它稱為 Fisherfaces。

簡單來說，Eigenfaces 的基本原理是計算一組特殊的圖像（eigenfaces）和混合比率（特徵值；eigenvalues）。當它們以不同的方式結合時，可以產生訓練集中的每張圖像，但也可以用來區分訓練集中的許多臉孔圖像。比如說，假設訓練集的臉孔有些有鬍子、有些沒有，那麼至少會有一個 eigenface 顯示「有鬍子」，所以訓練集中「有鬍子的臉孔」就會對這個 eigenface 有較高的混合比率（blending ratio），代表它有鬍子；而沒有鬍子的臉孔，就會對這個特徵向量有較低的混合比率。如果訓練集有 5 個人，每個人 20 張臉，那麼會有 100 個 eigenfaces 和特徵值來區分「訓練集的總共 100 張臉孔」，而實際上它們將被排序，使前幾個 eigenfaces 和特徵值是「最關鍵的區分因素」，而最後幾個 eigenfaces 和特徵值就只是「隨機像素雜訊」，實際上無助於區分資料。所以常見的做法是捨棄最後一些 eigenfaces，只保留前 50 個左右的 eigenfaces。

相比之下，Fisherfaces 的基本原理是，它不需要為訓練集中的每張圖像計算一個特殊的特徵向量和特徵值，只需為「每個人」計算一個特殊的特徵向量和特徵值。所以在前面 5 個人每人 20 張臉的例子中，Eigenfaces 演算法會使用 100 個 eigenfaces 和特徵值，而 Fisherfaces 演算法只會使用 5 個 fisherfaces 和特徵值。

若要存取 Eigenfaces 和 Fisherfaces 演算法的內部資料結構，我們必須使用 cv::Algorithm::get() 函式在執行期（runtime）取得它們，因為它們無法在編譯期（compile time）存取。這些資料結構在內部用作數學計算的一部分，而不是用於影像處理，因此它們通常儲存為浮點數（範圍一般在 0.0 到 1.0 之間），而不是儲存為 8 位元 uchar 像素（範圍在 0 到 255 之間），就像一般圖像中的像素。而且，它們通常是一個 1D 的行或列矩陣，或者它們屬於一個更大的矩陣中「許多 1D 行或列的其中一行或列」。因此，在你可以顯示這些內部資料結構之前，必須將它們 reshape 成正確的矩形，並將它們轉換成 0 到 255

之間的 8 位元 uchar 像素。由於矩陣資料的範圍可能是 0.0 到 1.0、-1.0 到 1.0，或任何其他範圍，你可以使用 cv::normalize() 函式和 cv::NORM_MINMAX 選項，以確保無論輸入範圍如何，它輸出的資料都在 0 到 255 之間。讓我們建立一個函式，來為我們執行這個矩形 reshape 和 8 位元像素轉換，如下：

```
// Convert the matrix row or column (float matrix) to a
// rectangular 8-bit image that can be displayed or saved.
// Scales the values to be between 0 to 255.
Mat getImageFrom1DFloatMat(const Mat matrixRow, int height)
{
    // Make a rectangular shaped image instead of a single row.
    Mat rectangularMat = matrixRow.reshape(1, height);
    // Scale the values to be between 0 to 255 and store them
    // as a regular 8-bit uchar image.
    Mat dst;
    normalize(rectangularMat, dst, 0, 255, NORM_MINMAX,
        CV_8UC1);
    return dst;
}
```

為了更容易除錯 OpenCV 程式碼，並讓內部除錯 cv::Algorithm 資料結構更加容易，我們可以使用 ImageUtils.cpp 和 ImageUtils.h 檔來輕鬆地顯示 cv::Mat 結構的資訊，如下所示：

```
Mat img = ...;
printMatInfo(img, "My Image");
```

與底下相似的內容將會列印至你的主控台：

```
My Image: 640w480h 3ch 8bpp, range[79,253][20,58][18,87]
```

這告訴你它有 640 元素寬、480 元素高（即一個 640 x 480 圖像或一個 480 x 640 矩陣，取決於你如何看待它），且每個像素有三個 8 位元的通道（即一般 BGR 圖像），它也顯示了圖像中每個顏色通道的最大值和最小值。

> 也可以使用 `printMat()` 函式來列印圖像或矩陣的實際內容，而不是 `printMatInfo()` 函式。這對於查看「矩陣」和「多通道浮點矩陣」來説，非常的方便，因為它們對初學者而言可能不太容易查看。
>
> `ImageUtils` 程式碼主要用於 OpenCV 的 C 介面，但隨著時間推移，逐漸包含了更多的 C++ 介面。最新的版本可以在這裡找到：http://shervinemami.info/openCV.html。

平均臉孔

Eigenfaces 和 Fisherfaces 演算法都會先計算平均臉孔，也就是所有訓練圖像的數學平均值；然後再從每張圖像中「減去」平均值，來得到更好的人臉辨識結果。所以讓我們來看看我們的訓練集的平均臉孔（average face）。平均臉孔在 Eigenfaces 和 Fisherfaces 實作中被命名為 mean，如下所示：

```
Mat averageFace = model->get<Mat>("mean");
printMatInfo(averageFace, "averageFace (row)");
// Convert a 1D float row matrix to a regular 8-bit image.
averageFace = getImageFrom1DFloatMat(averageFace, faceHeight);
printMatInfo(averageFace, "averageFace");
imshow("averageFace", averageFace);
```

現在，你應該會在螢幕上看到與下方（放大的）圖像類似的「平均臉孔圖像」，它是一個男人、一個女人和一個嬰兒的組合。你也應該看到類似底下的文字顯示在你的主控台：

```
averageFace (row): 4900w1h 1ch 64bpp, range[5.21,251.47]
averageFace: 70w70h 1ch 8bpp, range[0,255]
```

圖像如下截圖所示：

注意，averageFace (row) 是一個 64 位元浮點數的單列矩陣，而 averageFace 是一個矩形圖像，以 8 位元像素涵蓋 0 到 255 的全部範圍。

▌特徵值、Eigenfaces 和 Fisherfaces

讓我們看看特徵值中實際成份的值（以文字顯示）：

```
Mat eigenvalues = model->get<Mat>("eigenvalues");
printMat(eigenvalues, "eigenvalues");
```

對於 Eigenfaces，每張臉有一個特徵值，所以如果我們有三個人，每個人有四張臉，我們將得到有 12 個特徵值（從最好到最差排序）的行向量，如下所示：

```
eigenvalues: 1w18h 1ch 64bpp, range[4.52e+04,2.02836e+06]
2.03e+06
1.09e+06
5.23e+05
4.04e+05
2.66e+05
2.31e+05
1.85e+05
1.23e+05
9.18e+04
7.61e+04
6.91e+04
4.52e+04
```

對於 Fisherfaces，每多一個人就只有一個特徵值，所以如果有三個人，每個人四張臉，我們只會得到有兩個特徵值的列向量，如下：

```
eigenvalues: 2w1h 1ch 64bpp, range[152.4,316.6]
317, 152
```

要查看特徵向量（作為 Eigenfaces 或 Fisherfaces 圖像），我們必須將它們作為「大特徵向量矩陣中的行」來擷取。由於 OpenCV 和 C/C++ 中的資料通常是以列（row）為主儲存在矩陣之中，這代表擷取一行（column）時，我們應該使用 Mat::clone() 函式來確保資料是連續的，否則我們無法將資料重塑為矩形。一旦我們有了一個連續的行 Mat，我們可以使用 getImageFrom1DFloatMat() 函式來顯示特徵向量，就像我們對平均臉孔做的那樣：

```
// Get the eigenvectors
Mat eigenvectors = model->get<Mat>("eigenvectors");
printMatInfo(eigenvectors, "eigenvectors");

// Show the best 20 eigenfaces
for (int i = 0; i < min(20, eigenvectors.cols); i++) {
  // Create a continuous column vector from eigenvector #i.
  Mat eigenvector = eigenvectors.col(i).clone();

  Mat eigenface = getImageFrom1DFloatMat(eigenvector,
    faceHeight);
  imshow(format("Eigenface%d", i), eigenface);
}
```

下圖以圖像的形式顯示特徵向量。你可以看到以三個人每人四張臉來說，有12個
Eigenfaces（圖的左邊）或兩個Fisherfaces（右手邊）：

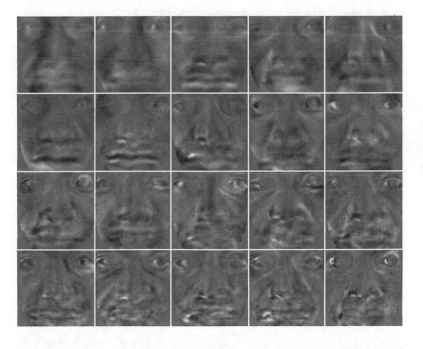
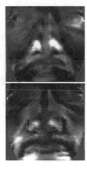

注意，Eigenfaces和Fisherfaces看起來都有一些類似人臉的特徵，但它們看起來不是眞
的很像臉。這只是因爲平均臉孔被減去了，所以它們只是顯示了每個Eigenfaces與平
均臉孔之間的差異。編號顯示了它是哪個Eigenfaces，因爲它們一律是從「最重要的

Eigenfaces」到「最不重要的 Eigenfaces」排序，而如果你有 50 個或更多的 Eigenfaces，那麼後面的 Eigenfaces 通常只會顯示隨機圖像雜訊，因此應該被捨棄。

步驟 4：人臉辨識

既然我們已經使用「一組訓練圖像」和「人臉標籤」訓練了 Eigenfaces 或 Fisherfaces 機器學習演算法，我們終於準備好「只靠一張人臉圖像」找出這個人是誰了！這最後一步稱為人臉辨識（face recognition）或人臉識別（face identification）。

▌人臉識別：根據人的臉孔辨識他們

感謝 OpenCV 的 FaceRecognizer 類別，我們只須簡單地在一張臉部圖像上呼叫 FaceRecognizer::predict() 函式，就可以確認照片中的人的身分，方法如下：

```
int identity = model->predict(preprocessedFace);
```

這個 identity 值會是我們最初在收集人臉進行訓練時「使用的標籤號碼」。例如：第一個人是 0，第二個人是 1，以此類推。

這種身分識別的問題是，它永遠會預測「是這些人中的某一個」，即使輸入的照片是一個「未知的人」或「一輛車」。它仍然會告訴你哪個人最有可能是照片中的人，所以很難相信它的結果！解決方案是取得一個信心指標，讓我們可以判斷結果有多可靠，而如果看起來可信度太低，我們就假設這是一個未知的人。

▌人臉驗證：確認他是宣稱的人

為了確認預測的結果是可靠的，或者他應該被視為一個未知的人，我們將進行**人臉驗證**（face verification；也稱為**人臉認證**，face authentication），以獲得信心指標來顯示「單一一張圖像」是否和「它宣稱的人」相似（不同於我們剛剛進行的人臉辨識，也就是比較「單一人臉圖像」和「許多人」）。

OpenCV 的 FaceRecognizer 類別可以在你呼叫 predict() 函式時回傳一個信心指標，但不幸的是，該信心指標僅是根據「特徵子空間中的距離」，因此它不是很可靠。我們將使用的方法是「利用特徵向量和特徵值」重建人臉圖像，並比較「這張重建圖像」和「輸

入圖像」。如果這個人有許多的臉孔被包含在訓練集之中，那麼從學習到的特徵向量和特徵值「重建」（reconstruction）應該會相當成功；但如果這個人沒有任何臉孔在訓練集之中（或沒有任何臉孔的「照明」和「臉部表情」與測試圖像相似），那麼重建的臉孔看起來會和輸入臉孔非常的不同，顯示這可能是一張未知的臉。

記得我們之前說過 Eigenfaces 和 Fisherfaces 演算法是以這樣的概念為基礎：一張圖像可以被一組特徵向量（特殊的人臉圖像）和特徵值（混合比率）粗略地表徵。所以如果我們把訓練集中一張臉的所有的特徵向量和特徵值結合起來，那麼我們應該會得到一個「非常接近」原始訓練圖像的複製品。同樣的道理也適用於其他和訓練集相似的圖像：如果我們結合相似測試圖像訓練過的特徵向量和特徵值，我們應該能夠重建出「某種程度上是測試圖像副本」的圖像。

再一次地，OpenCV 的 FaceRecognizer 類別讓「從任何輸入圖像重建人臉」變得相當容易，透過使用 subspaceProject() 函式投影到特徵空間和使用 subspaceReconstruct() 函式從特徵空間回傳到圖像空間。關鍵是，我們需要將它從浮點列矩陣轉換成一個矩形 8 位元圖（就像我們在顯示平均臉孔和 eigenfaces 時所作的那樣），但我們不想正規化資料，因為它與原始圖比較後，已是理想尺度。如果我們正規化資料，它的亮度和對比將與輸入圖像不同，而只使用「L2 相對誤差」比較圖像的相似度只會非常困難。具體的做法如下所示：

```
// Get some required data from the FaceRecognizer model.
Mat eigenvectors = model->get<Mat>("eigenvectors");
Mat averageFaceRow = model->get<Mat>("mean");

// Project the input image onto the eigenspace.
Mat projection = subspaceProject(eigenvectors, averageFaceRow,
  preprocessedFace.reshape(1,1));

// Generate the reconstructed face back from the eigenspace.
Mat reconstructionRow = subspaceReconstruct(eigenvectors,
  averageFaceRow, projection);

// Make it a rectangular shaped image instead of a single row.
Mat reconstructionMat = reconstructionRow.reshape(1,
  faceHeight);
```

```
// Convert the floating-point pixels to regular 8-bit uchar.
Mat reconstructedFace = Mat(reconstructionMat.size(), CV_8U);
reconstructionMat.convertTo(reconstructedFace, CV_8U, 1, 0);
```

下圖顯示了兩個典型的重建臉孔。左邊的臉重建得很好，因為它來自一個已知的人，而右邊的臉重建得很差，因為它來自一個未知的人，或一個已知的人但有未知的光照條件／臉部表情／臉部方向：

 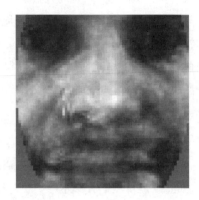

現在，我們可以使用之前建立的「用於比較兩張圖像的 getSimilarity() 函式」，來計算這個重建的臉孔和輸入的臉孔有多麼相似。其中小於 0.3 的值表示這兩張圖像非常相似。對於 Eigenfaces 來說，每張臉都有一個特徵向量，所以重建結果往往會很好，因此，我們通常可以使用 0.5 的臨界值；但是 Fisherfaces 只有每個人一個特徵向量，所以重建結果不會這麼好，因此它需要一個更高的臨界值，例如 0.7。具體做法如下：

```
similarity = getSimilarity(preprocessedFace, reconstructedFace);
if (similarity > UNKNOWN_PERSON_THRESHOLD) {
  identity = -1; // Unknown person.
}
```

現在你可以直接將身分列印到主控台，或者發揮你的想像力來運用在任何地方！記住，這種人臉辨識和人臉驗證方法只有在你進行訓練的「特定條件下」才可靠。因此，為了獲得良好的辨識精確度，你需要確保每個人的訓練集涵蓋你希望測試的「所有光照條件、臉部表情和角度」。人臉預處理階段能夠幫助減少一些照明條件和平面上旋轉的差異（如果人朝左肩或右肩傾斜頭部），但是對於其他的差異，例如：平面外旋轉（如果人把頭向左轉或右轉），只有當它們被包含在你的訓練集裡面，才會成功。

收尾工作：儲存和載入檔案

你可以增加一個以命令列為基礎的方法，來處理輸入檔案，並將其儲存到硬碟之中，甚至以網路服務來執行人臉偵測、人臉預處理或人臉辨識，等等。對於這些類型的專案，透過 FaceRecognizer 類別的 save 和 load 函式來加入所需的功能是相當容易的。你可能也會想儲存訓練後的資料，然後在程式啟動時載入它。

將訓練好的模型儲存到 XML 或 YML 檔中非常簡單：

```
model->save("trainedModel.yml");
```

如果你希望之後在訓練集中加入更多的資料，你可能還會想儲存預處理過的臉孔和標籤陣列。

舉例說明，下面是一些從檔案中「載入訓練後的模型」的範例程式碼。請注意，你必須指定最初用於建立訓練模型的人臉辨識演算法（例如：FaceRecognizer.Eigenfaces 或 FaceRecognizer.Fisherfaces）：

```
string facerecAlgorithm = "FaceRecognizer.Fisherfaces";
model = Algorithm::create<FaceRecognizer>(facerecAlgorithm);
Mat labels;
try {
  model->load("trainedModel.yml");
  labels = model->get<Mat>("labels");
} catch (cv::Exception &e) {}
if (labels.rows <= 0) {
  cerr << "ERROR: Couldn't load trained data from "
       "[trainedModel.yml]!" << endl;
  exit(1);
}
```

收尾工作：製作一個漂亮的互動式 GUI

雖然本章到目前為止提供的程式碼對於「整個人臉辨識系統」來說已經足夠了，但是仍然需要一種「將資料輸入系統的方法」和一種「使用它的方法」。許多研究用的人臉辨識系統選擇的「理想輸入方式」，是以「純文字檔」列出靜態圖像檔在電腦上儲存的位置，

以及其他重要資料,例如:人的本名或身分,或許還有臉部區域真正的像素座標(如:臉部和眼睛中心實際位置的標準答案)。這些資訊可能是由人工收集,也可能是由另一個人臉辨識系統所收集的。

這樣一來,理想的輸出將是一個文字檔,用以比較辨識結果與標準答案,這樣就可以獲得統計資料,以進行人臉辨識系統之間的比較。

然而,由於本章中的人臉辨識系統不只是為了學習,同時也是為了「實際的樂趣」而設計的,因此,與其和最新的研究方法競爭,不如擁有一個易於使用的 GUI,允許從網路攝影機即時互動式地「收集、訓練和測試人臉」。因此本節將提供一個「擁有這些功能的互動式 GUI」。讀者可以使用本書提供的 GUI,也可以根據自己的目的修改 GUI,或是忽略這個 GUI 並設計自己的 GUI,來執行到目前為止討論的人臉辨識技術。

由於我們需要透過 GUI 執行多項任務,讓我們來建立一組 GUI 的模式或狀態,並讓使用者透過按鈕或滑鼠點擊,來切換模式:

- 啟動(**Startup**):此狀態載入並初始化資料和網路攝影機。

- 偵測(**Detection**):此狀態偵測人臉,進行預處理並顯示,直到使用者點擊 Add Person 按鈕。

- 收集(**Collection**):此狀態收集目前人員的臉孔,直到使用者點擊視窗中的任何位置。這裡也會顯示每個人近期的臉。使用者可以點擊其中一個現有人員或 **Add Person** 按鈕,以收集不同人員的臉孔。

- 訓練(**Training**):在此狀態下,系統以「所有被收集的人的所有臉孔」進行訓練。

- 辨識(**Recognition**):包括重點標示辨識到的人,並顯示一個信心量表(confidence meter)。使用者點擊其中一個人員或 **Add Person** 按鈕,回到模式 2(**收集**)。

若要結束,使用者可以隨時在視窗中按下 **Esc** 鍵。讓我們再加入一個 **Delete All** 模式來重新開始一個全新的人臉辨識系統,以及一個 **Debug** 按鈕來切換顯示額外的除錯資訊。我們可以建立一個「列舉 mode 變數」來顯示目前的模式。

▋繪製 GUI 元件

為了在螢幕上顯示目前的模式,讓我們建立一個函式,來方便地繪製文字。OpenCV 帶有 `cv::putText()` 函式,具有多種字型和反鋸齒(anti-aliasing),但要將文字放置在你想要

的正確位置可能會有些棘手。幸運的是，還有一個 cv::getTextSize() 函式可以計算文字周圍的定界框，因此，我們可以建立一個包裝函式，來簡化文字的放置。

我們希望能夠將文字沿著視窗的任何邊緣放置，並確保它是完全可見的，同時還希望能夠將多行或多單字的文字並排放置，但不會互相覆蓋。所以這裡是一個包裝函式（wrapper function），允許你指定左對齊或右對齊，以及指定上對齊或下對齊，並回傳定界框，讓我們可以很容易地在視窗的任何角落或邊緣繪製多行文字：

```
// Draw text into an image. Defaults to top-left-justified
// text, so give negative x coords for right-justified text,
// and/or negative y coords for bottom-justified text.
// Returns the bounding rect around the drawn text.
Rect drawString(Mat img, string text, Point coord, Scalar
  color, float fontScale = 0.6f, int thickness = 1,
  int fontFace = FONT_HERSHEY_COMPLEX);
```

現在要在 GUI 上顯示目前模式，由於視窗的背景將會是攝影機影像，如果我們直接在攝影機影像上繪製文字，它的顏色很有可能和攝影機背景一樣！所以讓我們來畫一個黑色的文字陰影，和我們要畫的前景文字只差 1 個像素。讓我們也在它下面畫一行有用的文字，這樣使用者就知道要遵循的步驟。下面是一個使用 drawString() 函式繪製一些文字的例子：

```
string msg = "Click [Add Person] when ready to collect faces.";
// Draw it as black shadow & again as white text.
float txtSize = 0.4;
int BORDER = 10;
drawString (displayedFrame, msg, Point(BORDER, -BORDER-2),
  CV_RGB(0,0,0), txtSize);
Rect rcHelp = drawString(displayedFrame, msg, Point(BORDER+1,
  -BORDER-1), CV_RGB(255,255,255), txtSize);
```

下面的部分截圖顯示了 GUI 視窗底部的模式和資訊，覆蓋在攝影機影像上：

我們提到我們需要一些 GUI 按鈕，所以讓我們建立一個函式來輕鬆地繪製 GUI 按鈕，如下：

```cpp
// Draw a GUI button into the image, using drawString().
// Can give a minWidth to have several buttons of same width.
// Returns the bounding rect around the drawn button.
Rect drawButton(Mat img, string text, Point coord,
int minWidth = 0)
{
const int B = 10;
Point textCoord = Point(coord.x + B, coord.y + B);
// Get the bounding box around the text.
Rect rcText = drawString(img, text, textCoord,
CV_RGB(0,0,0));
// Draw a filled rectangle around the text.
Rect rcButton = Rect(rcText.x - B, rcText.y - B,
rcText.width + 2*B, rcText.height + 2*B);
// Set a minimum button width.
if (rcButton.width < minWidth)
rcButton.width = minWidth;
// Make a semi-transparent white rectangle.
Mat matButton = img(rcButton);
matButton += CV_RGB(90, 90, 90);
// Draw a non-transparent white border.
rectangle(img, rcButton, CV_RGB(200,200,200), 1, CV_AA);

// Draw the actual text that will be displayed.
drawString(img, text, textCoord, CV_RGB(10,55,20));

return rcButton;
}
```

現在我們使用 `drawButton()` 函式建立幾個可點擊的 GUI 按鈕，這些按鈕將永遠顯示在 GUI 的左上角，如下面的部分截圖所示：

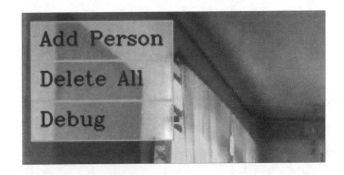

正如我們所提到的，GUI 程式有一些它（作為有限狀態機）能夠進行切換的模式，從啟動模式（Startup mode）開始。我們將目前的模式儲存為 m_mode 變數。

啟動模式

在啟動模式下，我們只需要載入 XML 偵測器檔來偵測人臉和眼睛，並初始化網路攝影機，如同我們已經介紹過的。讓我們也建立一個主 GUI 視窗，帶有滑鼠回呼函數，讓 OpenCV 在使用者在視窗中移動或點擊滑鼠時「呼叫該函式」。如果攝影機支援的話，你可能也會希望將解析度設定到合理的範圍，例如：640x480。具體做法如下：

```
// Create a GUI window for display on the screen.
namedWindow(windowName);

// Call "onMouse()" when the user clicks in the window.
setMouseCallback(windowName, onMouse, 0);

// Set the camera resolution. Only works for some systems.
videoCapture.set(CV_CAP_PROP_FRAME_WIDTH, 640);
videoCapture.set(CV_CAP_PROP_FRAME_HEIGHT, 480);

// We're already initialized, so let's start in Detection mode.
m_mode = MODE_DETECTION;
```

偵測模式

在偵測模式下，我們希望持續偵測人臉和眼睛、在它們的周圍繪製矩形或圓形來顯示偵測結果，並顯示目前的預處理人臉。實際上，無論我們處於哪種模式，我們都希望顯示

這些內容。偵測模式唯一的特別之處在於，當使用者點擊 **Add Person** 按鈕時，它將切換到下一個模式（**收集**）。

如果你還記得本章前面的偵測步驟，我們偵測階段的輸出將會是：

- **Mat preprocessedFace**：經過預處理的臉孔（如果偵測到臉和眼睛）
- **Rect faceRect**：偵測到的臉部區域座標
- **Point leftEye, rightEye**：偵測到的左眼和右眼中心座標

因此，我們需要檢查是否回傳了一個經過預處理的人臉，並在偵測到臉孔和眼睛時，分別在它們周圍畫一個矩形和圓形，如下所示：

```
bool gotFaceAndEyes = false;
if (preprocessedFace.data)
  gotFaceAndEyes = true;
if (faceRect.width > 0) {
  // Draw an anti-aliased rectangle around the detected face.
  rectangle(displayedFrame, faceRect, CV_RGB(255, 255, 0), 2,
      CV_AA);

  // Draw light-blue anti-aliased circles for the 2 eyes.
  Scalar eyeColor = CV_RGB(0,255,255);
  if (leftEye.x >= 0) { // Check if the eye was detected
      circle(displayedFrame, Point(faceRect.x + leftEye.x,
        faceRect.y + leftEye.y), 6, eyeColor, 1, CV_AA);
  }
  if (rightEye.x >= 0) { // Check if the eye was detected
      circle(displayedFrame, Point(faceRect.x + rightEye.x,
        faceRect.y + rightEye.y), 6, eyeColor, 1, CV_AA);
  }
}
```

我們將目前的預處理臉孔疊在視窗的中間上方，如下：

```
int cx = (displayedFrame.cols - faceWidth) / 2;
if (preprocessedFace.data) {
  // Get a BGR version of the face, since the output is BGR.
  Mat srcBGR = Mat(preprocessedFace.size(), CV_8UC3);
  cvtColor(preprocessedFace, srcBGR, CV_GRAY2BGR);
```

```
    // Get the destination ROI.
    Rect dstRC = Rect(cx, BORDER, faceWidth, faceHeight);
    Mat dstROI = displayedFrame(dstRC);

    // Copy the pixels from src to dst.
    srcBGR.copyTo(dstROI);
}
// Draw an anti-aliased border around the face.
rectangle(displayedFrame, Rect(cx-1, BORDER-1, faceWidth+2,
    faceHeight+2), CV_RGB(200,200,200), 1, CV_AA);
```

下面的螢幕截圖表示了在偵測模式下顯示的 GUI。預處理過的人臉顯示在中間上方，而偵測到的人臉和眼睛被做上標記：

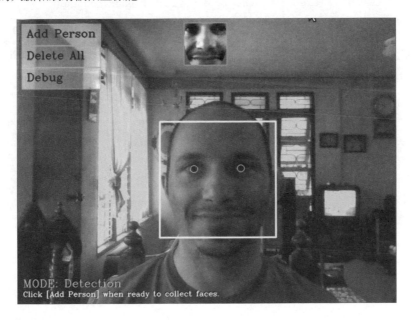

收集模式

當使用者點擊 **Add Person** 按鈕來指示要開始為新使用者收集人臉時，我們便進入收集模式（Collection mode）。正如前面提到的，我們已經將人臉收集限制在每秒一張臉，並且只有在「它與之前收集的人臉之間有明顯變化時」才收集。也請記得，我們決定不僅要收集預處理過的臉，還要收集預處理過的臉的鏡射（mirror image）。

在收集模式中，我們希望顯示每個已知人員的最新臉孔，並讓使用者點擊其中一人來為他加入更多臉孔，或者點擊 **Add Person** 按鈕來加入新成員。使用者必須點擊視窗中間的某個位置才能繼續進入下一個（**訓練**）模式。

因此，我們首先需要保留收集到的「每個人的最新面孔的參照（reference）」。我們將透過更新整數陣列 m_latestFaces 來達成這一點，該陣列只儲存大型陣列 preprocessedFaces（即所有人所有臉的集合）之中每個人的陣列索引。由於我們也將鏡射臉孔儲存在該陣列之中，我們希望參照倒數第二張臉，而不是最後一張臉。下面的程式碼應該被附加進「在 preprocessedFaces 陣列中加入新臉孔（和鏡射臉孔）的程式碼」之中，如下所示：

```
// Keep a reference to the latest face of each person.
m_latestFaces[m_selectedPerson] = preprocessedFaces.size() - 2;
```

我們只需要記得，在每次加入或刪除一個新成員時（例如，由於使用者點擊 **Add person** 按鈕），增長或收縮 m_latestFaces 陣列。現在，讓我們在視窗的右側顯示每個收集到的人的最新面孔（在**收集**模式和之後的**辨識**模式），如下：

```
m_gui_faces_left = displayedFrame.cols - BORDER - faceWidth;
m_gui_faces_top = BORDER;
for (int i=0; i<m_numPersons; i++) {
  int index = m_latestFaces[i];
  if (index >= 0 && index < (int)preprocessedFaces.size()) {
    Mat srcGray = preprocessedFaces[index];
    if (srcGray.data) {
        // Get a BGR face, since the output is BGR.
        Mat srcBGR = Mat(srcGray.size(), CV_8UC3);
        cvtColor(srcGray, srcBGR, CV_GRAY2BGR);

        // Get the destination ROI
        int y = min(m_gui_faces_top + i * faceHeight,
        displayedFrame.rows - faceHeight);
        Rect dstRC = Rect(m_gui_faces_left, y, faceWidth,
        faceHeight);
        Mat dstROI = displayedFrame(dstRC);

        // Copy the pixels from src to dst.
        srcBGR.copyTo(dstROI);
```

```
        }
      }
    }
```

我們還想重點顯示目前正在收集的人，在他們的臉孔周圍使用「紅色粗邊框」。具體做法如下：

```
if (m_mode == MODE_COLLECT_FACES) {
  if (m_selectedPerson >= 0 &&
    m_selectedPerson < m_numPersons) {
    int y = min(m_gui_faces_top + m_selectedPerson *
    faceHeight, displayedFrame.rows - faceHeight);
    Rect rc = Rect(m_gui_faces_left, y, faceWidth, faceHeight);
    rectangle(displayedFrame, rc, CV_RGB(255,0,0), 3, CV_AA);
  }
}
```

下面的部分截圖顯示了「收集到幾個人的臉孔後」的典型顯示。使用者可以點擊右上角的任何一個人來為他收集更多的臉孔。

訓練模式

當使用者終於點擊視窗中間時，人臉辨識演算法會開始對所有收集到的人臉進行訓練。但重要的是「確保收集到夠多的臉孔或人員」，否則程式可能會崩潰。一般來說，只需要確保訓練集裡至少有一個張臉孔（意味著至少有一個人）。但是 Fisherfaces 演算法須要尋

找人與人之間的比較，所以如果訓練集少於兩個人，它也會崩潰。也就是說，我們必須檢查所選的人臉辨識演算法是否為 Fisherfaces。如果是，那麼我們至少需要兩個人和他們的臉孔，不然，我們至少需要一個人和他的臉孔。如果沒有足夠的資料，程式將回到**收集**模式，讓使用者可以在訓練前加入更多的人臉。

若要檢查是否至少有收集到兩個人的臉，我們可以確保當使用者點擊 **Add Person** 按鈕時，只在「沒有任何空的人」時才加入新的人（也就是說，一個被加入但還未收集到臉孔的人）。如果只有剛好兩個人，而我們使用的是 Fisherfaces 演算法，那麼我們必須確保在收集模式中「為最後一個人」設定了 m_latestFaces 參照。m_latestFaces[i] 在還沒有為那個人加入任何臉孔時「初始化為 -1」，一旦加入那個人的臉孔之之後，它變成 0 或更高。具體做法如下：

```
// Check if there is enough data to train from.
bool haveEnoughData = true;
if (!strcmp(facerecAlgorithm, "FaceRecognizer.Fisherfaces")) {
    if ((m_numPersons < 2) ||
    (m_numPersons == 2 && m_latestFaces[1] < 0) ) {
        cout << "Fisherfaces needs >= 2 people!" << endl;
        haveEnoughData = false;
    }
}
if (m_numPersons < 1 || preprocessedFaces.size() <= 0 ||
  preprocessedFaces.size() != faceLabels.size()) {
  cout << "Need data before it can be learnt!" << endl;
  haveEnoughData = false;
}
if (haveEnoughData) {
  // Train collected faces using Eigenfaces or Fisherfaces.
  model = learnCollectedFaces(preprocessedFaces, faceLabels,
        facerecAlgorithm);
  // Now that training is over, we can start recognizing!
  m_mode = MODE_RECOGNITION;
}
else {
  // Not enough training data, go back to Collection mode!
  m_mode = MODE_COLLECT_FACES;
}
```

訓練可能需要幾分之一秒，也可能需要幾秒鐘甚至幾分鐘，取決於收集的資料量。收集到的人臉訓練完成後，人臉辨識系統將自動進入**辨識**模式（Recognition mode）。

辨識模式

在辨識模式中，預處理後的人臉旁邊會顯示一個可信度計量表（confidence meter），讓使用者知道辨識結果有多可靠。如果可信度高於未知臨界值，則在被辨識的人周圍畫一個「綠色矩形」來簡單地顯示結果。如果使用者點擊 **Add Person** 按鈕或現有的人員之一，使程式回到收集模式，就可以繼續加入人臉來進行更多的訓練。

現在我們已經得到了「身分辨識結果」和「重建臉孔的相似度」，就像之前所提到的那樣。為了顯示可信度計量表，我們知道 L2 相似度值一般來說「高可信度在 0 到 0.5 之間」，「低可信度則在 0.5 到 1.0 之間」，所以我們可以從 1.0 減去它，得到 0.0 到 1.0 之間的可信度。

然後我們只需要繪製一個填滿矩形，以可信度為比率，如下所示：

```
int cx = (displayedFrame.cols - faceWidth) / 2;
Point ptBottomRight = Point(cx - 5, BORDER + faceHeight);
Point ptTopLeft = Point(cx - 15, BORDER);

// Draw a gray line showing the threshold for "unknown" people.
Point ptThreshold = Point(ptTopLeft.x, ptBottomRight.y -
  (1.0 - UNKNOWN_PERSON_THRESHOLD) * faceHeight);
rectangle(displayedFrame, ptThreshold, Point(ptBottomRight.x,
ptThreshold.y), CV_RGB(200,200,200), 1, CV_AA);

// Crop the confidence rating between 0 to 1 to fit in the bar.
double confidenceRatio = 1.0 - min(max(similarity, 0.0), 1.0);
Point ptConfidence = Point(ptTopLeft.x, ptBottomRight.y -
  confidenceRatio * faceHeight);

// Show the light-blue confidence bar.
rectangle(displayedFrame, ptConfidence, ptBottomRight,
  CV_RGB(0,255,255), CV_FILLED, CV_AA);

// Show the gray border of the bar.
rectangle(displayedFrame, ptTopLeft, ptBottomRight,
  CV_RGB(200,200,200), 1, CV_AA);
```

爲了突顯出被辨識的人，我們在他的臉上畫一個綠色矩形，如下所示：

```
if (identity >= 0 && identity < 1000) {
  int y = min(m_gui_faces_top + identity * faceHeight,
    displayedFrame.rows - faceHeight);
  Rect rc = Rect(m_gui_faces_left, y, faceWidth, faceHeight);
  rectangle(displayedFrame, rc, CV_RGB(0,255,0), 3, CV_AA);
}
```

下方的部分截圖爲辨識模式執行時的一個典型顯示。顯示了中間上方的預處理人臉旁邊的可信度計量表，並在右上角突顯了被辨識的人。

▌檢查和處理滑鼠點擊

現在我們已經繪製了所有 GUI 元素，我們只須要處理滑鼠事件。在初始化顯示視窗時，我們告訴 OpenCV 我們想要一個滑鼠事件回呼至 onMouse 函式。

我們不關心滑鼠的移動，只關心滑鼠的點擊，所以首先我們跳過滑鼠左鍵點擊之外的事件，如下：

```
void onMouse(int event, int x, int y, int, void*)
{
  if (event != CV_EVENT_LBUTTONDOWN)
    return;
  Point pt = Point(x,y);
  ... (handle mouse clicks)
  ...
}
```

因爲我們在繪製按鈕時獲得了它們的矩形邊界，我們只須呼叫 OpenCV 的 inside() 函式來檢查「滑鼠點擊位置」是否位於任何按鈕區域之內。現在我們可以檢查每個建立的按鈕。

當使用者點擊 **Add Person** 按鈕時，我們只須將 m_numPersons 變數加 1、給 m_latestFaces 變數分配更多空間、選擇要進行收集的新人員，並開始收集模式（無論我們之前處於哪種模式）。

但有一個複雜的地方；為了確保在訓練時每個人至少有一張臉，我們只會在沒有人是「零張臉」的情況下為新人員分配空間。這將確保我們總是可以檢查 m_latestFaces[m_numPersons-1] 的值來查看是否每個人都收集了一張臉。具體做法如下：

```
if (pt.inside(m_btnAddPerson)) {
    // Ensure there isn't a person without collected faces.
    if ((m_numPersons==0) ||
        (m_latestFaces[m_numPersons-1] >= 0)) {
        // Add a new person.
        m_numPersons++;
        m_latestFaces.push_back(-1);
    }
    m_selectedPerson = m_numPersons - 1;
    m_mode = MODE_COLLECT_FACES;
}
```

此方法可用於測試其他按鈕點擊，像是切換除錯旗標，如下所示：

```
else if (pt.inside(m_btnDebug)) {
    m_debug = !m_debug;
}
```

為了處理 **Delete All** 按鈕，我們需要清空主迴圈內的各種局部資料結構（也就是說，無法從滑鼠事件回呼函數中存取），因此我們切換到 **Delete All** 模式，然後我們可以在主迴圈中刪除所有內容。我們還必須處理使用者點擊主視窗（不是按鈕）的狀況。如果他們點擊了右邊的一個人，那麼我們希望選擇這個人並切換到**收集**模式。或者，如果他們在**收集**模式下點擊主視窗，那麼我們希望切換到**訓練**模式。

具體做法如下：

```
else {
    // Check if the user clicked on a face from the list.
    int clickedPerson = -1;
    for (int i=0; i<m_numPersons; i++) {
        if (m_gui_faces_top >= 0) {
            Rect rcFace = Rect(m_gui_faces_left,
                m_gui_faces_top + i * faceHeight, faceWidth, faceHeight);
            if (pt.inside(rcFace)) {
                clickedPerson = i;
```

```
        break;
      }
    }
  }
// Change the selected person, if the user clicked a face.
if (clickedPerson >= 0) {
  // Change the current person & collect more photos.
  m_selectedPerson = clickedPerson;
  m_mode = MODE_COLLECT_FACES;
}
// Otherwise they clicked in the center.
else {
  // Change to training mode if it was collecting faces.
  if (m_mode == MODE_COLLECT_FACES) {
      m_mode = MODE_TRAINING;
  }
}
}
```

總結

本章向你展示了建立「即時人臉辨識應用程式」所需的所有步驟，應用程式有足夠的預處理，允許訓練集條件和測試集條件之間存在一些差異，僅使用了基本的演算法。我們利用人臉偵測來尋找人臉在相機圖像中的位置，然後透過幾種形式的人臉預處理來減少不同光照條件、相機和人臉方向，以及臉部表情的影響。然後用我們收集的「經過預處理的人臉」訓練了一個 Eigenfaces 或 Fisherfaces 機器學習系統，最後我們進行了人臉辨識，來看看這個人是誰，並透過人臉驗證提供了一個信心指標，以防它是一個未知的人。

我們沒有提供以離線方式處理影像檔的命令列工具，而是將前面的所有步驟組合成一個完整的「即時 GUI 程式」，允許立即使用人臉辨識系統。你應該能夠根據你自己的用途來修改系統的行為，例如：允許自動登入你的電腦，或者如果你有興趣提高辨識的可靠性，那麼你可以閱讀關於人臉辨識最新進展的會議論文，改善程式的每個步驟，直到它對你的特定需求來說，變得更加可靠。例如：使用 http://www.face-rec.org/algorithms/ 和

http://www.cvpapers.com 上的方法，你可以改善人臉預處理階段，或使用更進階的機器學習演算法，或更好的人臉驗證演算法。

參考文獻

- Rapid Object Detection using a Boosted Cascade of Simple Features, P. Viola and M.J. Jones, Proceedings of the IEEE Transactions on CVPR 2001, Vol. 1, pp. 511-518

- An Extended Set of Haar-like Features for Rapid Object Detection, R. Lienhart and J. Maydt, Proceedings of the IEEE Transactions on ICIP 2002, Vol. 1, pp. 900-903

- Face Description with Local Binary Patterns: Application to Face Recognition, T. Ahonen, A. Hadid and M. Pietikäinen, Proceedings of the IEEE Transactions on PAMI 2006, Vol. 28, Issue 12, pp. 2037-2041

- Learning OpenCV: Computer Vision with the OpenCV Library, G. Bradski and A. Kaehler, pp. 186-190, O'Reilly Media.

- Eigenfaces for recognition, M. Turk and A. Pentland, Journal of Cognitive Neuroscience 3, pp. 71-86

- Eigenfaces vs. Fisherfaces: Recognition using class specific linear projection, P.N. Belhumeur, J. Hespanha and D. Kriegman, Proceedings of the IEEE Transactions on PAMI 1997, Vol. 19, Issue 7, pp. 711-720

- Face Recognition with Local Binary Patterns, T. Ahonen, A. Hadid and M. Pietikäinen, Computer Vision - ECCV 2004, pp. 469-48

MEMO

MEMO